感測與量度工程

楊善國 編著

全華圖書股份有限公司

初版序

　　隨著尖端科技之日新月異，機械工業及相關工業型態已由勞力密集，轉而技術密集。以「自動化」取代高危險性或耗時費力之人工操作，為工業之趨勢，然欲「自動化」則需對機構予以控制，控制之前必先感測、量度。感測、量度與控制實密不可分，其應用之廣，不勝枚舉，足見「感測與量度工程」之重要。

　　楊善國老師至本科擔任「量度工程及實習」課程已數年，對實驗室規劃及課程之編製不遺餘力，其本職學能更是豐富。在坊間「感測與量度工程」相關書籍稀少之際，楊老師能利用課餘時間執筆著書，實為學子之幸。此書係針對專科學生設計，且能配合教學及業界和相關工程人員之進修需要，相信讀者定能從中獲益良多。

　　作者於完稿付梓之際，請余提序，深感榮幸。謹代為之序。

謝忠祐謹序

於國立勤益工商專校機械工程科

初版作者序

「控制之前必有量度，量度與控制密不可分」。

一控制系統的優劣良窳，量度暨感測元件居關鍵角色。而量度工程之範圍甚廣，內容亦包羅萬象。不同的待測量，不同的場合，就有不同的量度方法和不同的應用原理。舉凡材料、機構、化工、物理、電子電路，甚至通信、統計及資料處理等，均為相關科技。其應用無論在工業界、醫學界或是日常生活中亦到處可見。近年來許多應用科學遭遇發展瓶頸，感測元件之無法突破是為關卡之一。而微感測器(Microsensor)亦隨微機電(MEMS)技術之發展，成為感測及量度工程的明日之星，未來必對工業及科技之整體發展大有貢獻。

本書之內容及編寫方式，特為技職學生而設計。從量度工程的概念，到各種物理量量度方法的分析，到量度該物理量之感測器的選用和相關知識等，均作有系統的整理和介紹。對學生日後進入工業界之實務應用，必有助益。

編纂期間，感謝中科院航發中心多位同事的協助，本校同仁的關心及我妻子的支持與包容。機械科主任謝博士撥冗提序，亦一併致謝。

本人才疏學淺，文中恐有謬誤，祈請讀者諸君、賢達先進不吝指正，謝謝。願上帝祝福您！

楊善國謹誌
於國立勤益工專機械科

六版作者序

　　本書自初版問世迄今，已將屆滿十六載。期間經歷多次增修，如今呈現給讀者的是第五次修訂之後的第六版。這一次(第五次)的修訂有幾個特別的地方：

1. 重新打字排版。本書原稿是傳統的打字稿，修訂更動起來不若電子檔方便。此次全華編輯部同仁花了很大的力氣，將本書內容全部重新打字、繪圖成電子檔，所作的工夫與出版新書完全一樣。因此第六版將較前五版更清晰易讀而有條理。

2. 新增了相當多的內容。特別是在第一、二章的基礎部分，使得本書的深度增加。從前本書的對象主要是二專生，但隨著學制的改變，現今專科已經幾乎不存在了。為因應時代的變化，本書增加篇幅之後可適用於大學部(四技、二技)以及研究所的學生。當然，本書亦可供業界先進參考。

3. 新增或更換了許多圖片。因而使得從前不清楚或不適當的圖片得以更新。

　　自 2009 年起，台灣製造工程與自動化科技協會推出了「自動化工程師」的證照，其中「量測原理與技術」一科在證照考試中佔有相當的分量。希望本書能對有志報考「自動化工程師」證照的讀者略盡棉薄。

　　感謝前中正大學校長、現任台灣大學電機系教授羅仁權博士、以及蘇州科技學院機電系教授李華院長的提序，使本書倍增光彩！也要感謝多年來各界的支持與愛護！願上帝祝福您們！

　　若有任何指正，敬請隨時賜教，謝謝！

楊善國謹誌

於國立勤益科技大學機械系

個人網頁：http://www.me.ncut.cdu.tw/teacher_view.php?sn=28

六版序一

　　由於資訊通信技術的進步及自動化的發展，越來越多的產業邁向智慧化，許多的資訊處理及資訊交換發生在底層的執行層；而資訊通信、資料處理不再只是由上端控制層與底層執行層之間溝通的事情，而是下放到了執行層，也就是走向前端智慧化的趨勢。

　　而作為工業上不可或缺的重要元件，感測器的責任越來越重，它是設備邏輯自動化最重要的決策依據，而現今，智慧感測器已經越來越受到了人們的青睞，對於電子電路產業高度發展的台灣而言，結合電子電路之智慧型感測器研究不諦是台灣現今不可不了解的重要資訊。

　　事實上感測與控制是不可分開的，控制的目地是要使系統更精確穩定，但如何知道它的精確性及穩定性就需要有感測器將物理信號轉換成電訊信號並作適當量度納入回授控制系統並與應用端整合成精確穩定系統機制。

　　感測與量度是自動化的關鍵科技之一，生產自動化、辦公室自動化、程序控制自動化等等早已與人民日常生活習習相關，舉凡從傳統產業的製造設備，到現在人手必備的手機、電腦等皆需用到感測與量度的技術。

　　此書先介紹在感測與量度中常用到之名詞並加以定義與解釋，接下來談到如何校正感測器，並依序介紹溫度感測、壓力感測、流量感測、位移感測、速度感測、角速度感測、磁場及電流感測、光輻射感測及各式開關。

　　在溫度感測的章節裡介紹了溫度量測的原理及各式溫度感測器如電阻式、熱電式、溫度感測 IC、熱敏電阻、膨脹式、振盪式、記憶合金及非接觸式溫度量測等。

在壓力感測的章節中先說明量測壓力的原理,接著說明各式壓力感測器如皮托管、位移式壓力轉換器、應變計、負荷計及壓電式壓力感測器。

在流量感測的部分,談到了流量的定義及量測法,有面積式、體積式、速度式等。

位移感測的章節中,先說明了位移的定義,而位移感測分為二大類,第一類為線位移感測器,其中有直線電位計、線性差動變壓器、直軸式編碼器、超音波測距及高速位移量測。第二類為角位移感測器,角度電位計、圓盤式編碼器、同步器及電磁式感測器都包含在角位移感測器中。

速度的感測也分為二大類,第一類為線速度感測,其中談到了車輛速度量測、飛行器及超音波測速,而第二類為角速度感測,包含了轉速發電機、離心式、光電式及計時轉速計等。

在磁場及電流感測的章節中提到了霍耳效應、霍耳元件及變流器等。光輻射感測的章節中說明了光譜、光電效應及光輻射感測元件。此書以各式開關做為結尾,包括光電、磁簧、電容、磁感應、角度及壓力開關。

作者楊善國教授的核心專長即在感測與量度領域,本書能以深入淺出的方式,針對常用之感測器加以系統化的整理與介紹,從感測器的物理量度方式到感測器的選用等相關知識,對想了解與實務應用感測與量度的讀者,有相當大的助益。

羅仁權　謹序
於國立台灣大學電機系

六版序二

在科學技術研究和工程技術應用中，傳感與測量有著廣泛的應用，是從事基礎研究、工程控制、生產過程監控、故障診斷、產品設計等工作所不可或缺的重要技術。隨著資訊技術的發展，傳感與測量技術已經成為大多數機電系統的重要組成部分。是大部分工程與技術專業學生的必修課程。

傳感與測試技術是建立在數學基礎上的多學科的原理和技術的綜合，內容涉及到數學、物理學、電工學、電子技術、信號處理、材料科學以及化學、生物學、資訊科學等眾多學科。課程的理論性和實踐性都很強，知識面要求廣泛，因此，歷來是學生感到不易學習掌握的一門技術課程。

楊善國教授積多年從事工程研究和理論教學之心得，從認知、掌握這一技術的基本規律著手，編寫了《感測與度量工程》一書，並在 1994 年出版後至今，進行了多次修訂，在精心的雕琢之下，該書形成了特有的風格

1. 本書以工程中常見的各種被測量的感測為主線，以各種類型的感測元件的感測原理解說為出發點，由淺入深，循序漸進，講解了各種常見被測量的測量原理、感測元件結構、工程應用。內容條理分明，密切結合工程實際應用，便於初學者學習掌握。
2. 本書內容在對感測元件介紹的基礎上，還從工程應用的目的出發，對度量系統做整體的介紹，使讀者不僅學會感測元件的選擇與應用，更學會度量系統的組建與應用，從而建立起感測元件、信號轉換與處理、結果記錄與分析的完整的度量系統的概念。

3. 經過多次修訂，本書用字遣詞講究，語句精練清晰，文字與圖表相互輔佐，形成了理論嚴謹性和工程的實用性完美結合的教材風格，使讀者易於理解和掌握各種技術的原理和應用。是一本適合大學相關學科學生使用的好教材，也是業界工程技術人員的一本好參考書。

欣聞楊善國教授《感測與度量工程》一書第六版即將出版，謹奉此文，以示祝賀。

李華　博士・教授

於蘇州科技學院

七版序

　　楊善國教授的感測與量度工程已經堂堂進入第七版。國人寫作的出版書距離上次能夠進入第七版，好像已經屬於好久好久以前的事了，所以值得同屬工程領域的人一起關注這本書、一起支持這本書。中國古人常講的人生三不朽，立功、立德、立言，出自左傳。著書立說，正是立言的不朽表現。眾多學者們汲汲營營於投稿 SCI 期刊論文，其實偏向於協助解決歐美拋出來的問題、協助造福歐美科技，對照之下，楊教授孜孜不倦，持續七版寫作這本中文書，卻是造福華人社會，包含學術界、工業界、莘莘學子。傳統上，感測器和致動器同屬回饋控制系統(feedback control system)不可或缺的要件。後來在機電整合系統(mechatronics)裡，也更大大影響系統的性能。而今，風起雲湧的物聯網要成功，感測(sensing)這件事竟成為必須如影隨形、無所不在。幸好楊教授以早年研發經國號戰機的經驗為基礎，以及機械工程課程的教學互動，在這本書周詳具體地介紹並且闡述感測與量度的原理和應用。所以隨著版次增加，這本書重要性和地位卻更遞增。楊教授是我的新竹交通大學博士班學生。由於這本著作，我為他感到驕傲。

呂宗熙　謹序
於新竹市交通大學機械系

編輯部序

　　「系統編輯」是我們的編輯方針，我們所提供給您的，絕不只是一本書，而是關於這門學問的所有知識，它們由淺入深，循序漸進。

　　本書是以各型感測器元件之原理解說爲出發點編撰而成的，書中除了對感測與量度的基本概念加以建立外，還對量度系統做一整體性的介紹，並以圖說表列方式介紹各類型感測元件。內容由淺而深、條理分明的編排方式，非常適合科大、四技等機械科系自動控制組「感測與量度工程」、「感測器原理」、「控制工程」等相關課程使用，也可供業界工程師參考。

　　同時，爲了使您能有系統且循序漸進研習相關方面的叢書，我們以流程圖方式，列出各有關圖書的閱讀順序，以減少您研習此門學問的摸索時間，並能對這門學問有完整的知識。

　　若您在這方面有任何問題，歡迎來函連繫，我們將竭誠爲您服務。

相關叢書介紹

書號：0512102
書名：切削刀具學(第三版)
編著：洪良德
20K/328 頁/330 元

書號：03731
書名：超精密加工技術
日譯：高道鋼
20K/224 頁/250 元

書號：0223005
書名：精密量具及機件檢驗(第六版)
編著：張笑航
20K/608 頁/500 元

書號：0276201
書名：感測器原理與應用實習
　　　(第二版)
編著：鐘國家、侯安桑、廖忠興
16K/384 頁/450 元

書號：0568305
書名：精密量測檢驗(含實習及儀器
　　　校正)(第六版)
編著：林詩珛、陳志堅
16K/496 頁/560 元

◎上列書價若有變動，請
　以最新定價為準。

流程圖

書號：0282706
書名：工廠實習－機工實習
　　　(第七版)
編著：蔡德藏

書號：10417
書名：電腦數值控制原理與
　　　應用
編著：陳紹賢

書號：0568305
書名：精密量測檢驗(含實習)
　　　(第六版)
編著：林詩珛、陳志堅

書號：0518702
書名：電機學(第三版)
編著：顏吉永、林志鴻

書號：0253477
書名：感測與量度工程
　　　(第八版)(精裝本)
編著：楊善國

書號：0223005
書名：精密量具及機件檢驗
　　　(第六版)
編著：張笑航

書號：0548002
書名：機械製造(修訂二版)
編著：簡文通

書號：0207401
書名：感測器(修訂版)
編著：陳瑞和

CHWA
TECHNOLOGY

目錄

contents

第 4 章　壓力感測

contents

第 10 章　各種開關

附錄

contents

概論

1.1　前言

　　人類的生活品質，隨著科技的發展進步、經驗的累積傳承，一天天不斷地向上提昇突破。特別是近年拜資訊化及自動化之賜，更是飛躍猛進，一日千里。

　　在這眾多的科學技術當中，量度工程是關鍵科技之一。它早已走進工廠、走進公司、走進家庭，甚至悄然走進個人的日常生活之中。在高速公路上被開了張超速罰單，您是否想過，警察或是攝影機如何測得您的車速而開單告發？加油站的加油機是如何量得流入您油箱的油量而向您收費？談到車輛儀錶板上速度指示的原理，您可能很容易地聯想到齒輪減速機構，但是在天上飛的航空器，它的速度又是如何量測？冷氣機如何感知現在的溫度而使之與您設定的溫度一致？氣象報告的氣溫、氣壓甚至雨量、風向是怎麼量度的？……凡此種種都屬量度工程(Measurement Engineering)的範圍，其與人類生活的息息相關，可見一斑。

1.2 量度與自動化的關係

■ 1.2-1 自動化的分類

以不同的角度,自動化可以有許多不同的分類。例如:家庭自動化、軍事自動化、醫療自動化……等等。但一般而言,自動化可分成下列三類:

1. 生產自動化(Production Automation,PA)或稱底特律自動化(Detroit Automation):舉凡與生產有關之自動化,諸如自動裝配、機器人、電腦數值控制(Computer-Numerical Control,CNC),彈性製造系統(Flexible Manufacture System,FMS),電腦整合製造系統(Computer Integrated Manufacture System,CIMS)均屬此類。(註:底特律爲美國密西根州的城市,以生產汽車著名,有汽車城的美譽。其生產方式爲自動裝配的生產線一貫作業,大量生產。故生產自動化以此爲代表。)

2. 事務自動化或稱辦公室自動化(Office Automation,OA):門禁系統、物料管理、自動影印機……等。

3. 程序控制(Process Control)或儀錶工程(Instrumentation):巡弋飛彈、自動導航、資料擷取系統(Data Acquisition System,DAS)等爲此類代表。

■ 1.2-2 操縱與控制

1. 若輸出信號並不回授(Feedback)而使系統呈開環路(Open Loop)者,即爲操縱系統(Manipulation System)。如圖 1-1 所示。

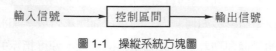

圖 1-1 操縱系統方塊圖

2. 若輸出信號爲輸入信號的一部分,即構成回授而使系統呈閉環路(Close Loop)者,稱爲控制系統(Control System)。其方塊圖如圖 1-2 所示。

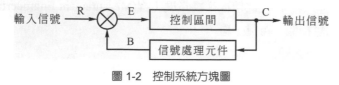

圖 1-2 控制系統方塊圖

可見自動控制(Automatic Control)的定義是較自動化(Automation)為嚴格的，也就是說要有回授才是控制。而回授信號的取得即是經由量度將控制區間中受控參數的實際狀況測知，再傳送回系統輸入端以改變送入控制區間的信號(E)，使得系統的行為(輸出 C)逐漸趨近設定值(期望值)。量度在控制系統中扮演的角色，由此可見。

■ 1.2-3　例子

1. 溫室(Green House)的溫度控制

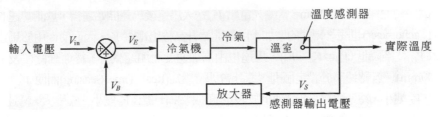

圖 1-3　溫室溫度控制方塊圖

圖 1-3 中，設欲使溫室的溫度維持在 10℃，當電壓輸入後，冷氣機作動，冷氣送入溫室使得溫度開始下降。溫度感測器(Temperature Sensor)感知當時實際的溫度而送出相對應之電壓(V_S)，經放大後成為 V_B，與 V_{in} 相加成為 V_E 送給冷氣機，因 $V_E = V_{in} + V_B$ 故送出較多冷氣使溫度快速下降。溫度降低的同時，V_S 變小進而使得 V_B 及 V_E 也變小，冷氣量也跟著減小。反之，若溫度上升，則冷氣量會增加，迫使溫度下降，使得溫度維持在定值。其時間響應(Time Response)可以圖 1-4 表示。

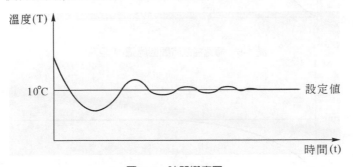

圖 1-4　時間響應圖

此系統中之溫度感測(Temperature Measurement)即為量度技術的應用之一。而溫度感測器的選擇、特性的分析、相關的介面等在本書中均有討論。

2. 伺服馬達(Servo Motor)的轉速控制

以伺服技術來控制馬達的轉速，在工業上應用的相當多。然欲控制轉速之前，量度轉速應是先決條件。茲以例子說明如下(請見圖 1-5)：

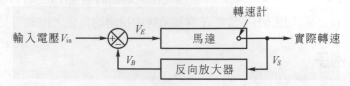

圖 1-5　伺服馬達轉速控制方塊圖

設欲使轉速保持在 600rpm，當輸入電壓 V_{in} 送入馬達後馬達開始運轉，量測轉速的轉速計(Tachometer)也隨著轉速的增加，由零開始升高輸出電壓 V_S，因而使作用於馬達的電壓 V_E 逐漸降低 $(V_E＝V_{in}－V_B)$，馬達也由高加速度而加速減緩，終而維持在設定值上 (600rpm)。若轉速高於設定值則轉速計會即時感知(Real Time Sensing)而使 V_S 及 V_B 變大，V_E 變小，轉速變慢。若轉速低於設定值則轉速計輸出 V_S 變小，V_E 變大，轉速上升。

另外，時間響應分成欠阻尼(Underdamping)及過阻尼(Overdamping)兩種響應型態，分別如圖 1-6 及圖 1-7 所示。考慮不同場合，改變系統的阻尼比(Damping Ratio)可改變其時間響應型態。

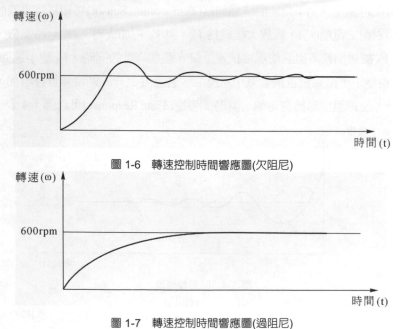

圖 1-6　轉速控制時間響應圖(欠阻尼)

圖 1-7　轉速控制時間響應圖(過阻尼)

由以上討論可知，控制之前必有量度，量度與控制密不可分。

1.3　何謂量度工程

■ 1.3-1　量度的定義

1. 量度(Measurement)：將某對象與基準量相比後，以數值表示之操作。(JIS Z8014)
2. 量度學(Metrology)：以量表示事物，為某目的(如控制、生產、監視等)而研究其裝置、進行的方法及數值處理並將之實施的學問。

■ 1.3-2　量度工程的內容

由前面的討論可知，從一個待測信號產生一直到該信號按需求被應用(如回授、指示等)為止，這中間所有的技術都在量度工程的範圍內。可稱之為「端到端(End to End)」的工程。當信號產生後，如何選擇適當的感測器來拾取(Pick-up)？拾取的信號需要哪些調理(Signal Conditioning)？如何傳輸？如何顯示(Display)或儲存(Storage)？乃至資料的分析(判讀、統計)均在這「端到端」的流程中，如圖 1-8 所示。

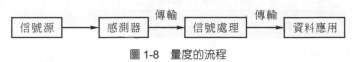

圖 1-8　量度的流程

量度工程的內容討論如下：

1. 信號拾取(Signal pick-up)
   由信號變化頻率的不同又可分為靜態和動態兩種：
   (1) 靜態量測(Static Measurement)：如量測物體的長寬尺寸、重量、表面粗度、真圓度、硬度、面積⋯⋯等，或稱機工精密量測。乃指待測量短時間內無變化者。
   【Note：所謂「短時間」指多久？並無一定的規範。概念上是指「量度過程所需要的時間」。所以靜態量測係指「在量度過程中待測量不會發生變化的量測」。】
   (2) 動態感測(Dynamic Sensing)：如量測溫度、壓力、流量、位移、照度、氣象、濃度⋯⋯等，信號變化頻率較高的非尺寸信號(Non-dimensional Signal)。
   信號拾取的部分乃討論量度元件(Sensing Element)本身的特性、使用法及應用等話題。

2. 信號處理(Signal Processing)

信號經量度元件拾取後，視實際需要作適當的處理。諸如：

(1) 濾波(Filtering)：以適當頻寬的濾波電路濾除雜訊，取出信號。

(2) 補橋(Bridge Completion)：橋式(Bridge Type)元件需組成電橋電路，以將阻抗變化轉換成電壓變化，並經由選擇適當的電橋元件阻值，修正電橋之非線性度。請參考本書例題 3.2 之線性度討論⑤。

(3) 放大(Amplification)：將信號位準調整至適當範圍。

(4) 調變(Modulation)：如 FM、PCM、AM……等。

(5) 類比／數位轉換(A/D Conversion)。

(6) 若為多波道(Multi-Channel)的資料擷取系統(Data Acquisition System，DAS)，則另須考慮多工(Multiplex)的問題，有分時多工(TDM)及分頻多工(FDM)等方式。

3. 信號傳輸(Signal Transmission)

經拾取後(或處理後)之信號若欲傳送至他處，則有信號傳輸的問題。依傳輸介質可分有線及無線兩種方式。

(1) 有線(Wired)：有線傳輸時有下列因素需考慮：

① 線料：首先需決定導線的材質是否有特殊需求？如熱電偶(Thermocouple)信號的傳輸，在參考接點與熱電偶之間需用與熱電偶相同材質之導線。另導線粗細(線號)，覆被(Shielding)的方式，絞線(Twisted)或隔離線等，均需視信號狀況作選擇。

② 接頭(Connector)：接腳(Pin)數目、接合方式等。公接頭(Male Pin)、母接頭(Female Pin)以及浮動式(Plug)或固定式(Receptacle)接頭的安排請參考附錄十。

③ 繞線方式(Wire Routing)：繞線的長度、路徑等。

④ 接地(Grounding)問題。

(2) 無線(Wireless)：無線傳輸係屬無線通訊(Telecommunication)的領域，在量度工程中的應用稱為「遙測(Telemetry)」，有下列數端須考慮：

① 發射機(Transmitter)：發射頻率(如 S Band 或 P Band)是否配合信號頻率？功率(Power)、天線位置(Location)等。

② 若以「電壓控制振盪器(Voltage-Controlled Oscillator，VCO)」作分頻多工，則需考慮每一頻率之上、下旁波帶(Upper and Lower Side-Band)即每一載波頻率之偏差量(Deviation)間是否重疊及其諧波(Harmonic Wave)間之干擾等問題。當然，VCO 本身的頻率響應及中間頻率(Central Frequency)與信號頻率是否配合，亦是重點之一。

③ 接收器(Receiver)：接收頻率、接收天線的位置，是否需追蹤天線(Tracking-Antenna)等。

④ 若以 VCO 作分頻多工，則需於接收端建立一套相對應之鑑頻器(Discriminator)，以解讀(Demultiplex)接受到的信號。

(3) 若傳輸信號甚多，則需建立一套編碼方法(Code Numbering Rule)將眾多的信號依一定的規則一一編碼命名，以利爾後辨識及稱呼。此時又有下列問題須考量：

① 若信號之波道(Channel)數超過系統一次可處理之容量而需分批處理時，則需設計「可程式板(Program Panel」，將所有信號匯集在此板上，視每次實驗或工作實際之需要取出部分信號。送入系統作處理。

【Note：可程式板及編碼方法請參考附錄十。】

② 若為分時多工，則需按信號頻率設定每一信號之取樣頻率(Sample Rate)，依一定規則將所有的信號排成「資料循環圖(Data Cycle Map)」，以利分時多工的進行。

4. 資料應用(Data End Use)

信號經感測元件拾取、傳輸、處理，再傳輸至使用處所後，即可按當初設計的目的來使用之。有下列問題須考慮：

(1) 資料還原(Data Recovering)：為了傳輸方便，原始的信號可能經過如調變(Modulation)或 A/D 轉換，如何將其還原而不失真(Distortion)，是量度工程端到端流程之終端(Final End)的首要考慮。

(2) 工程單位與量度單位間的轉換(EU/MU Conversion)：在終端所得到的信號可能是經放大的類比信號，或是轉換過的數位信號，但這些並不是我們所要的資訊，該類資訊的單位稱之為「量度單位(Measurement Unit，MU)」，是指量到的信號，如 mV、count 數等。以溫度感測為例，我們所要的是溫度

(℃或℉)，其單位稱之為「工程單位(Engineering Unit，EU)」。如何將量得的 MU 轉換成所要的 EU，在下一章中將有詳述。

(3) 終端使用(End Use)：一般可有下列數種用途：

① 回授(Feedback)：用於控制系統中，表示實有值。

② 顯示(Display)：對某系統作即時監視(Real Time Monitoring)或資料指示(Indication)。依需要又可做成數值顯示、長條圖形顯示(Bar Chart)、針筆記錄(Strip Chart)、燈號顯示(Lighting Panel ON/OFF Display)或其他特殊型式的顯示。

③ 儲存(Storage)：存於磁帶(Magnetic Tape)、磁片(Floppy Disk)、硬碟(Hard Disk)或其他儲存裝置中。

④ 決策(Decision Making)：在某些系統中須依據即時量測的資料作成決策，以決定下一步的動作，如無人駕駛車、巡弋飛彈等。

上述「端到端(End to End)」工程的內容，可歸納如圖 1-9 所示。圖 1-17 為一應用實例。

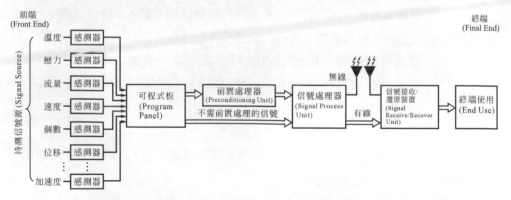

圖 1-9　量度工程「端到端」的流程圖

■ 1.3-3　電源需求(Power Requirement)

端到端的量度系統建立之時，除上面所討論的問題之外，須考慮各元件的耗電需求(Power Consumption)以設計適當的供應電源(Power Supply)，進而使量度系統能順利工作。

1. 直流電(DC Power)

   感測器的激勵電壓可能因感測器的型式不同而異，但一般常見的大都為直流 ＋
   5V 或 ＋ 10V。檢查所有的直流元件是否有特殊電壓需求？若有，則是特別設計
   電源以滿足此需求？或是以現有電源替代？替代的話對該元件的特性是否有影
   響(如輸出變小、預熱時間加長等)？再計算各元件之電力需求總值以確定是否超
   出該電源的供應能力。

2. 交流電(AC Power)

   同直流電需討論不同需求電壓外，另須檢查是否有不同頻率的需求(如飛機上使用
   400Hz 之交流電)。如使用三相電源，則須注意三相負載的平衡問題。

3. 斷電器(Circuit Breaker)

   若系統複雜，為方便維修及使各次級系統之電源隔離，可考慮設計斷電器盒。所
   有次系統之電源均經由斷電器盒送出。此時需注意各次級系統按鈕的排列(Lay out)
   及銘牌標示，以方便使用。

4. 備用供電系統(Back-up or Secondary Power System)

   若量度過程中電源中斷會產生麻煩，則須考慮使用備用供電系統，或以不斷電系
   統(UPS)供電。

1.4　相關名詞說明

　　本節之目的在於說明量度領域中常用術語之意義，以使讀者明白如何解讀感測元
件或裝置之規格(Specifications)，並得以相同詞彙與相關人員溝通。以圖 1-15 所示之
壓力傳感器測試報告為例，該傳感器為美國 ENDEVCO 公司出產、型號(Model No.指
該公司製造眾多之產品中這一型產品的代號)為 8510B-2(每個公司均賦予編碼一定的
意義，例：該型號中之-2 係指該傳感器之 Range 為 2psig。可見若為-10 則指該傳感器
之 Range 為 10psig)、序號(Serial No.指該型產品出廠或生產的流水號)為 G50C。此測
試報告以文字及圖形詳列了該傳感器的各項規格(請注意，即便型號相同、但序號不同
的產品，規格值也會不同)。

1. 滿刻度(Full Scale，FS)

   一感測器所能感測或一儀器所能顯示或依一定規則定義的最大區間。例如圖 1-15 中之第五項規格：Full Scale Output (FSO，滿刻度輸出) = 292 mv。

2. 量測精度：量測儀器表示值或量測結果是否正確的準確度和精密性的總合。

   (1) 準確度(Accuracy)：平均值($\bar{x}$)與真值(或稱「已知量」，X_T)間之差距稱為準確度(How close the average value is to the true value)，兩者愈接近則準確度愈高。準確度又稱為「偏差(Bias)」。「平均值(Mean value 或 Average)」的定義為：$\bar{x} = \sum_{i=1}^{n} \frac{x_i}{n}$，其中 x_i 為第 i 筆個別數據；亦即算術平均。所以準確度 A 的意義為：$A = \bar{x} - X_T$，其值大小通常以滿刻度的百分比來表示：

   $$A\%FS = \frac{\bar{x} - X_T}{FS} \times 100\% 。$$

   (2) 精密性(Precision)：許多筆個別資料分布在其平均值四週的廣度稱為精密性(How widely the individual data scatters about their average)，分布愈廣則精密性愈差。精密性又稱為「分散(Variance)」。所以精密性 P 的意義為：$P = \max\left[(x_{\max} - \bar{x}), (\bar{x} - x_{\min})\right]$，其值大小通常亦以滿刻度的百分比來表示：

   $$P\%FS = \frac{\max\left[(x_{\max} - \bar{x}), (\bar{x} - x_{\min})\right]}{FS} \times 100\% 。$$ 精密性可以另外一個角度來理解，即：量測儀器在相同條件之下重複量測相同待測量時，讀值(Readings)是否相同的能力，但不必考慮量測數據與真值(X_T)間之差距。

   由上述可知，準確並不一定精密，精密亦不一定準確。

   感測器的規格參數有下列特性：

   ① 通常以某個參數的百分比來表示，而不以絕對數值來表示，這樣才能公平地比較不同感測器間之規格。例：A 溫度感測器之準確度(Accuracy)為 1℃，B 溫度感測器為 0.5℃，使用者可據此判斷 B 的準確度較佳嗎？是不行的。因 A 之量測範圍若為 1000℃，B 之量測範圍若為 100℃，則 A 之準確度百分比為 0.1% FS、B 之準確度百分比為 0.5% FS。所以其實是 A 的準確度較佳。

② 有許多參數事實是描述該感測器達不到的反面程度，但卻用正面的詞彙描述。例如規格中的「準確度(Accuracy)」，意指量測結果不準的程度，應是「不準確度」，但通常習慣稱之爲「準確度」。

③ 規格所標示之值，通常爲該參數在不同情形之下可能出現的最大值。

3. 誤差(Error)：讀值(Reading)與眞值(True Value)間之差距。

(1) Error = Reading − True Value

True Value = Reading + Correction(修正量)

∴Correction = −Error

因 Error 與 Correction 均爲未知，由此可知眞值無法量得。眞值既不可得，量度工程師的任務係在將量測誤差縮小到可接受的範圍內。可接受範圍視各個場合需求而定，若無特別要求，一般工業應用約爲 3% FS (滿刻度)。

(2) 信號(Signal)：依隨機與否之特性可分成下列二種：

① Deterministic(決定)：可以數學式分析描述者。又可分成

    a.　Periodic(週期性)。

    b.　Aperiodic(非週期性)。

② Stochastic(推測)或稱 Random(隨機)：無法以數學式描述，需以統計技巧處理分析者。又可分成

    a.　Ergodic(可代表)：在有限時間內觀測所得之資料即可代表全體資料的信號。

    b.　Non-Ergodic(非可代表)。例：電源內阻的變化。

(3) 誤差的來源有下列三者：

① 錯誤(Mistake)：人爲或操作的錯誤所致，可藉訓練(Training)來克服。

② 系統誤差(Systematic error)：來源可知且可消除者。例如量度系統本身的精度不良所造成的誤差。屬 Deterministic 信號，可藉校正(Calibration)來消除。

③ 隨機誤差(Random error)：發生原因不明或無法掌握，隨機出現的誤差。屬於 Stochastic 信號，須藉統計(Statistic)來分析。

隨機誤差與系統誤差的概念可以圖形說明於圖 1-10。

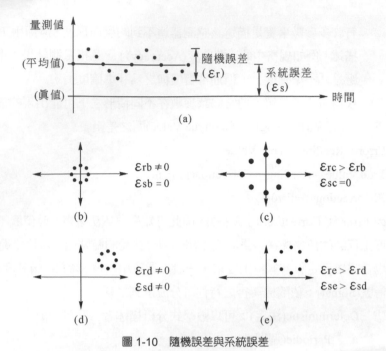

圖 1-10　隨機誤差與系統誤差

此外，圖 1-10 之(b)、(c)、(d)、(e)四者的準確性與精密性關係如下：

Accuracy(b) = Accuracy(c)，Precision(b) < Precision(c)；

Accuracy(d) = Accuracy(e) > Accuracy(b) & (c)，Precision(d) = Precision(b) < Precision(e) < Precision(c)。

(4)　依與時間相關與否，誤差又可分為：

①　靜態誤差(Static Error)：短時間內不隨時間變化的誤差，亦即在短時間內其值為常數。

②　動態誤差(Dynamic Error)：短時間內即會隨時間變化的誤差。

4.　校正的標準(Calibration Standard)：分成四級如下：

(1)　基礎標準(Basic Standard)：以理論及定義來校正(Theoretic Standard)，或稱為處方標準(Recipe Standard)。

(2)　一級標準(Primary Standard)：或稱「主級(Master)標準」，如國家級或高級實驗室內的校準裝置。

(3)　二級標準(Secondary Standard)：或稱「檢驗(Inspection)標準」，如工廠或生產單位內品保(Q.C.或 Q.A.)部門之校準裝置。

(4)　工作級標準(Working Standard)：或稱「現場(Field)標準」，乃於工作現場所依據的標準。

(2)、(3)、(4)均為實物標準(Material Standard)。

量測機構是何級標準？須經由相關單位認證後以取得資格。而每一量測元件或裝置係由何機構校正？該機構具有何級標準的認證？而該機構又由何更高標準的機構校正？此校正歷程的記錄即稱為「回溯(Trace back)」。

【Note：請參考附錄四－一公尺的定義。其中第一、三、四項為處方標準；第二項為實物標準。】

5.　靈敏度(Sensitivity)：

(1)　量度時感測差異的能力(The ability to detect difference in the measurement)。差異越小越靈敏。

(2)　對預給的變化所回應的偏轉量(A given deflection for a given change)。偏轉量越大越靈敏。

(3)　靈敏度又稱為「死區(Dead Zone)」。

以圖 1-15 所示之壓力傳感器測試報告為例，該傳感器之 Sensitivity 為：145.8mV/psi，亦即待測壓力每變化 1 psi(差異－difference in the measurement，或是預給的變化－a given change)該傳感器之輸出變化 145.8mV(能力－the ability，或是回應的偏轉量－a given deflection)。

6.　範圍(Range)：特定區間的上、下限值。

指輸入信號的大小，對感測器而言範圍可分為下列數種(見圖 1-11)定義：

(1)　線性範圍(Linear Range)：待測量或輸入信號在此範圍內則輸出為線性(或會按廠商所提供之特性輸出)。此亦即一般所謂的範圍，或稱滿刻度或額定範圍(Rated Range)。如圖 1-11 中 a～b 的區間。

(2)　可容忍範圍(Endurable Range)：指由線性範圍之上限(b)至可容忍之上限(c)間的區間。若輸入量落在此區間內則不保證輸出值可信賴(或仍呈線性)，但保證該元件或裝置不會損壞。通常以滿刻度的百分比來表示，如 300% FS。

(3)　破壞範圍(Damaged Range)：指超出可容忍之上限(c)至破壞上限(d)間的區間。若輸入量落在此區間內則該品可能損壞，超出此值則一定損壞(Bursted)。亦以滿刻度的百分比來表示，如 500% FS。

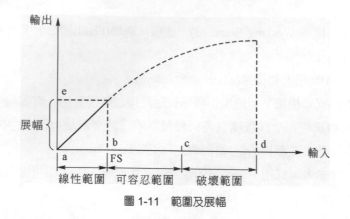

圖 1-11 　範圍及展幅

7. 展幅(Span)

指輸入量在線性範圍內相對應的輸出範圍，也稱為「滿刻度輸出(Full Scale Output，FSO)」。一般均指電氣信號而言，如圖 1-11 中 a～e 之區間。或指線性範圍上、下限之差。

8. 非線性度(Non-Linearity)

因為自然界並無絕對線性的系統，或多或少都有非線性度存在。以圖 1-15 的感測器為例：Range(線性範圍= FS)是 2 psig、Sensitivity 是 145.8 mv/psi，若在該範圍內是真正的線性，那麼滿刻度輸出(FSO)應該是：145.8 mv/psi × 2 psi = 291.6 mv，而規格表中標示 FSO =292 mv，可見該範圍並不是真正的線性。量度裝置所標示的非線性度乃指輸入在線性範圍內其輸出的非線性程度。通常以% FSO 表示。以圖 1-15 為例，該傳感器之 Non-Linearity 為：0.34% FSO。因 FSO = 292mV，故非線性度換算成數值則為：0.34% × 292 = 0.9928(mV)。如前所述，該值係指 FSO 中非線性度的最大值(非線性最嚴重的地方)。在整個滿刻度輸出中，不同地方的非線性程度並不一樣，其變化的情形則示於圖 1-15 中之第一圖。由該圖可讀到非線性最嚴重的地方是在大約 60% FSO 處。

9. 重現性(Reproducibility 或 Repeatability)

重現性指儀器或感測器對同一待測量進行多次量測時，其每次輸出是否均可指示相同值之能力。因所有儀器均具有程度不同的不確定性(Uncertainty)，故儀器對相同輸入之輸出變異(Variation)為隨機的。重現性亦為儀器之動態誤差的來源之一。Repeatability 與 Reproducibility 間之差異如下：

(1)　Repeatability：短時間內，在相同條件下，以相同的方法連續量度相同待測量，所得相鄰二讀值間接近的程度。僅考慮隨機誤差。

(2)　Reproducibility：以相同的方法對相同的待測量，在不同的條件下，如在不同的實驗室、或由不同的人操作、或時間間隔很長，量度所得相鄰二讀值間接近的程度。係將隨機誤差及系統誤差均考慮在內。

以圖 1-15 為例，該傳感器之 Repeatability 為：0.01% FSO，說明如下：

(1)　FSO 是 Full Scale Output 的縮寫，亦即「滿刻度輸出」，與本節(1.4 節)中之第 7 個名詞「展幅(Span)」意義相同。

(2)　如前所述，感測器的規格中，有許多項目事實是描述該感測器達不到的反面程度，但卻用正面的詞彙描述。此處規格標示的是 Non-repeatability：0.01% FSO，意指針對同一待測信號該感測器每兩次量度間無法指示同一值的程度 (兩次讀值間差異)為 0.01% FSO，但通常習慣稱之為「重現性」(應是「不重現性」)。

10. 遲滯(Hysteresis)

遲滯原指材料之磁通密度(B)變化較外加磁化力(H)變化為滯後的現象(B-H 圖)，後來輸出變化較輸入變化為落後的現象均被泛稱為遲滯。在量度領域中特指感測器或裝置其感測之信號(輸入)由小到大遞增時所得之輸出與由大到小遞減所得之輸出不相同的現象。而在同一輸入時，兩輸出差異的最大值即為該元件或裝置的遲滯量。通常以% FS 表示。如圖 1-12 所示。以圖 1-15 為例，該傳感器之 Hysteresis 為：0.05% FSO，換算成數值則為：$0.05\% \times 292 = 0.146$(mV)。

【Note：圖 1-15 中該感測器規格的第 9 項為：「Combined Lin., Hyst., & Rep.* = 0.35% FSO」，且附註說明*為 RSS。意思是：將非線性(Lin.)、遲滯(Hyst.)、重現性(Rep.)三者組合後的總和為 0.35% FSO，而該總和係「和方根值(Root-Sum-Square, RSS)。通常計算感測器本身的誤差時，上述三者可視作一項，且以 RSS 值表示。】

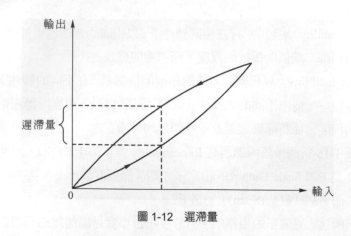

圖 1-12　遲滯量

11. 漂移(Drift)

經過一段長時間後，量度裝置的校正若逐漸偏移(The calibration gradually shifts over a long period of time)，則稱該裝置發生漂移。漂移分成兩類(如圖 1-13)：

(1) 零點漂移(Zero Drift)：指輸入為零時(例如圖 1-15 所示之第 4 項規格：Zero Pressure Output，指對該感測器施加的壓力為零時的輸出為 1mV)輸出之變異。零點漂移會產生加法性的誤差(Additive Error)，會使校正公式(Calibration Equation)中的截矩值(Offset)改變。「校正公式」及「截距」的說明請見本書第二章。

(2) 尺度漂移(Scale Drift)：指靈敏度發生變化。尺度漂移會產生乘法性的誤差(Multiplicative Error)，會使校正公式中的斜率值(Slope)改變。「校正公式」及「斜率」的說明請見本書第二章。

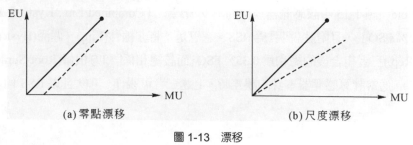

圖 1-13　漂移

12. 熱敏偏移(Thermal Sensitivity Shift)

指量度裝置在不同溫度下，因熱效應而引起靈敏度的偏移量。通常以靈敏度(Sensitivity)的百分比表示，該值表示了該裝置的靈敏度受溫度影響的程度。以圖 1-15 為例，該傳感器之 Thermal Sensitivity Shift 為：1.68%。不同溫度之下的靈敏度變化並不一樣，其變化的情形則示於圖 1-15 中之第三圖。由該圖可讀到偏移最嚴重的地方是在大約 140°F處，故該處的 Sensitivity = 145.8 + (145.8 × 1.68%) = 148.25(mV/psi)。另由該圖可讀到在大約 40°F處的熱敏偏移量是 −1.1%(在 0 線之下故為負值)，所以該處的 Sensitivity = 145.8 − (145.8 × 1.1%) = 144.20(mV/psi)。

13. 熱零點偏移(Thermal Zero Shift)

係指量度裝置的零點(輸入為零時之輸出點)受溫度影響的程度，亦以% FS 表示。以圖 1-15 為例，該傳感器之 Thermal Zero Shift 為：0.82% FSO。不同溫度之下的零點偏移並不一樣，其變化的情形則示於圖 1-15 中之第二圖。由該圖可讀到零點偏移最嚴重的地方是在 200°F處，故該處的 Zero Pressure Output = (292 × 0.82%) + 1 = 2.39 + 1 = 3.39(mV)。另由該圖可讀到在 0°F處的熱敏偏移量是 − 0.4% FSO (在 0 線之下故為負值)，所以該處的 Zero Pressure Output = [292 × (− 0.4%)] + 1 = (− 1.168) + 1 = − 0.168(mV)。又由該圖可讀到在 50°F處的熱敏偏移量是 0% FSO，因此該處的 Zero Pressure Output 即為規格中所標示的 1mV。

14. 激勵電壓(Excitation Voltage)

指一元件或裝置欲正常工作所需外加的電源電壓。此電壓通常有額定值，且靈敏度和展幅均受該值影響。又稱為「偏壓位準(Bias Level)」。廠商所提供的感測器規格(或測試報告)亦是在此電壓下測得。以圖 1-15 為例，該傳感器之 Excitation 為：10.00Vdc。故使用該感測器時必須提供 10.00Vdc 的工作電壓，該感測器才會按該測試報告的規格值輸出。因此處 Excitation 標示為小數點以下第二位，所以提供之工作電壓亦必須準確至小數點以下第二位。若現場無法提供該電壓而必須以較高或較低電壓代替，則須先與感測器原廠聯繫，徵詢處理對策。對類比感測器而言，若以較低電壓替代通常需先預熱(Warm-up)5～10 分鐘。

15. 解析度(Resolution)

一元件(或裝置)之最小輸出量，或稱「增量(Increment)」，也稱「鑑別度(Discrimination)」。

【Note：解析度係針對輸出的變化量，而靈敏度則針對輸入的變化量。】

16. 感測器(Sensor)

可感測某種量的元件，與 Detector(通常指 On-Off 的感測)或 Pick-off(傳感器)同義，即具有感測能力的元件。

17. 換能器(Transducer)

可將某種形式的能量轉換成另一種形式的元件。

【Note：Sensor 與 Transducer 的涵義非常接近，經常互相混用。Sensor 係強調其感測的能力，而 Transducer 係強調其能量形式轉換的能力。】

18. 變壓器(Transformer)

將電壓(或電流)升高或降低的裝置。

19. 轉換器(Converter)

將信號由類比(Analog)形態轉換為數位(Digital)形態(A/D)的裝置。反之亦然(D/A)。

20. 類比(Analog)；或稱連續(Continuous)

某種量其值為連續者。所謂「連續」係指該集合(量、信號、系統…)中任意兩元素間仍存在相同性質之元素的特性。

21. 數位(Digital)

某種量其大小僅由 0 與 1 表示者。

22. 不連續(Discontinuous)；或稱離散(Discrete)

所謂「不連續」係指該集合(量、信號、系統…)中可找到任意兩元素間不存在相同性質之元素的特性。對時間序列而言，「不連續」係指某種量其大小在某時間內有值(其值大小不限)，而在另某時間內無值者。連續、不連續、類比、離散間的關係如圖 1-14 所示。

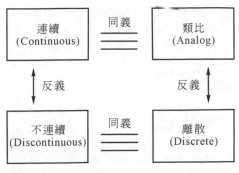

圖 1-14　連續、不連續、類比、離散間的關係

23. 自發感測元件(Self-generating Sensing Element)

不需外加電源即可有電信號輸出之元件。大致有五種型式：

(1)　機電元件(Electromechanical Element)：如轉速發電機(Tacho-generator)。

(2)　光電元件(Photoelectrical Element)：如太陽能電池(Solar Cell)。

(3)　熱電元件(Thermoelectrical Element)：如熱電偶(Thermocouple)。

(4)　壓電元件(Piezoelectrical Element)：如壓電晶體。

(5)　焦電元件(Pyroelectrical Element)：如焦電型紅外線感測器。

24. 調變感測元件(Modulating sensing Element)

需外加電源始有電信號輸出之感測元件。稱此類元件為「調變感測元件」的原因是：該類元件的輸出信號會受外加電源的影響(調變)。

【Note：感測器工作時是否需要外加電源，坊間的書籍常以主動型(Active)或被動型(Passive)區分之。然此種區分法有兩種論述：一種認為不需電源即可工作者為主動，需電源者為被動；這種論述可能是根據日常生活的經驗習慣。另一種則相反，認為不需電源者為被動，需電源者為主動；這種論述可能是根據電路分類的習慣，例如 RC 選頻網路不需電源稱為被動網路、RC 加上 OP(需要電源)的選頻網路則稱主動濾波器。為避免混淆，本書捨棄主動、被動的分類，改採自發、調變區分之。】

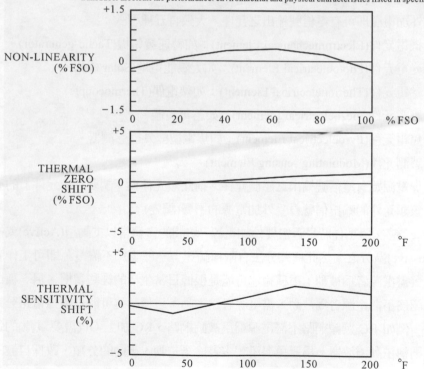

PRESSURE TRANSDUCER TEST REPORT

MODEL 8510B-2   serial# G50C

Range	2	psig
Sensitivity	145.8	m V/psi
Excitation	10.00	Vdc
Zero Pressure Output	1	mV
Full Scale Output	292	mV
Non-Linearity	.34	%FSO
Hysteresis	.05	%FSO
Non-Repeatability	.01	%FSO
Combined Lin., Hyst., & Rep.*	.35	%FSO
Thermal Zero Shift	.82	%FSO
Zero Shift After 3 × FSO	0	%3×FSO
Thermal Sensitivity Shift	1.68	%
Input Resistance	2146.2	Ω
Output Resistance	1754.6	Ω
Isolation Resistance	>100	MΩ
*RSS		

All calibrarions are traceable to the National Bureau of Standards and in accordance with
MIL-STD-45662. This certifies that this
transducer meetsall the pertormance. environmental and physical characteristics listed in specifications.

圖 1-15　壓力感測器的特性測試報告(本圖取材自美國 ENDEVCO 公司之產品測試報告)

25. 頻率響應(Frequency Response)

原指一裝置對不同頻率之輸入信號所得之相對輸出。但對量度元件而言則特指該元件所能響應(-3dB 以上)的頻率範圍,亦即所能量度之待測信號頻率的上下限。

26. 重校日期(Recall Date)

為保持正確的量度結果，量度元件通常需要定期校正。重校日期即表示該元件需重校的最後期限。量度元件不論是否使用，即使校正後均存放於庫房中，一旦到達重校日期仍需送校。例如圖 2-7 中右下角之「Date：05-18-90」係本次校正執行的日期；「Calib Recal Date：7/10/90」係下次執行校正的最晚期限。

27. 致動器(Actuator)

換能器的一種，但其能量轉換的方向與 Transducer 相反，Actuator 通常將電能轉換成其他形式的能量，如馬達、壓電振盪器⋯⋯等。

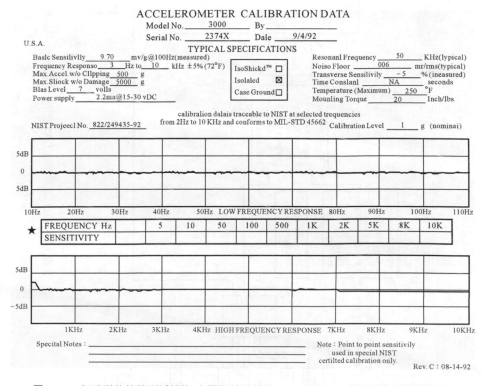

圖 1-16　加速儀的特性測試報告(本圖取材自美國 Vibra Metrics 公司之產品測試報告)

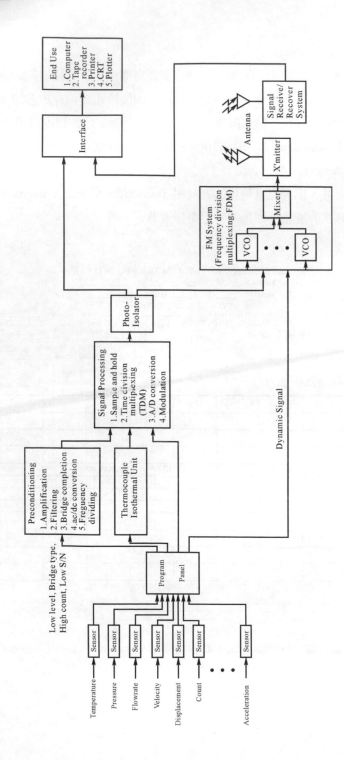

圖 1-17 資料收集系統(DAS)的例子(該例係一飛行器進行試飛時所用 DAS 的方塊圖)

1. 請舉例說明量度工程在日常生活中之應用。

2. 自動化可分成哪幾類？請各舉一例說明。

3. 請繪方塊圖說明操縱系統與控制系統之區別。

4. 請說明量度與控制間的關係。

5. 量度工程的內容有哪些？

6. 何謂「端到端(End to End)」工程？請繪其流程圖。

7. 設計量度系統時，電源部分應如何考量？

8. 選用感測器應考慮哪些規格？請列舉並說明。

9. 「準確性」和「精密性」有何不同？

10. 誤差發生的原因有哪些？應如何克服？

11. 校正的標準分成哪幾級？

12. 「靈敏度」應如何定義？

13. 「感測器(Sensor)」與「換能器(Transducer)」間有何異同？

14. 何謂自發感測元件？有哪幾種型式？請各舉一例說明。

15. 感測器規格中之「範圍(Range)」是如何定義？

16. 何謂遲滯現象？其發生的原因為何？

17. 何謂量度元件的頻率響應？

18. 請以控制系統方塊圖說明溫室之溫度如何控制？

19. 信號(Signal)依其隨機與否可分成哪幾類？

20. 感測器與致動器間有何異同？

校正記錄

2.1　感測與校正

　　使用感測器的目的是藉由感測器將未知之待測量轉換為已知(如圖 2-1(a))。然感測器之輸出值代表何意？其與待測量間之關係如何？則須藉助校正程序及記錄方能得知。論及校正記錄必須先介紹兩個名詞：「工程單位」與「量測單位」。

1. 工程單位(Engineering Unit，EU)

   EU 指的是待測量的單位，如℃、psi、rpm 等。也是資料最終顯示的單位。

2. 量測單位(Measurement Unit，MU)

   MU 指的是量測所得信號的單位，若不需信號處理而直接量取感測器之輸出則是指感測器輸出信號的單位，通常為電壓，如 millivolt 或 volt。或是經 A/D 轉換後的 Count 數。

　　量度的目的在得到待測量的 EU，但感測器的輸出不是 EU 而是 MU，故需一機制(關係式)將 MU 轉換轉換成 EU，此機制乃由校正程序中獲得。故校正的目的，即為獲得 EU/MU 間的正確關係。一感測器於出廠前需先經校正程序，即在特定環境下施以

已知之物理量，記錄其輸出，再求出輸入與輸出間之關係(如圖 2-1(b))。經由此關係，感測器感測未知之待測量所得之輸出(MU)即能轉換爲可知。此記錄即稱爲「校正記錄(Calibration Sheets」。感測器需定期校正，其校正之時間間隔(Recal Interval)依感測器特性(如重現性)、使用頻率、使用場合而不同，通常爲 3 個月到一年左右。

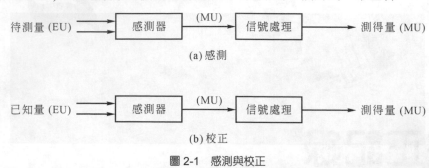

(a) 感測

(b) 校正

圖 2-1　感測與校正

2.2　校正記錄

對感測器輸入與輸出的關係而言，一份完整的校正記錄應包含三部分：

1. 逐點記錄。
2. EU/MU 關係圖。
3. 校正公式(Calibration Equation)。

現以一個 FS = 25 psia 的壓力感測器(圖 2-3)爲例作說明。

1. 逐點記錄：依一定間隔施壓力於感測器上，並記錄其輸出所得之輸出、輸入關係之記錄表。如表 2-1 所示。

表 2-1　FS = 25 psia 之壓力感測器的逐點記錄

%FS	輸入壓力 EU(psia)	輸出電壓 MU(mV)		
		第 1 次	第 2 次	平均
0	0	0.161	0.160	0.161
50	12.5	15.682	15.686	15.684
100	25.0	31.177	31.177	31.177
50	12.5	15.687	15.687	15.687
0	0	0.161	0.160	0.161

(1)　表 2-1 中的第一行(%FS)與第二行(輸入壓力)描述的內容相同，但第一行的主要目的在表示校正點於滿刻度中分布的情形。

(2)　校正點的間隔視感測器之量測範圍而定，量測範圍愈大者，間隔可較寬，但需以相鄰兩校正點間感測器之輸出、輸入關係可以線性視之為原則，通常至少取 3 點。理論上間隔愈小愈好，但校正點愈多則愈耗財費時。在廠商提供的校正記錄當中，無論間隔大小，代表廠商保證相鄰兩校正點間的非線性程度不會超過規格表中所標註的「Non-Linearity」(1.4 節中的第 8 項)。

(3)　輸入壓力由小而大再由大而小的目的是為觀察其遲滯性。

2.　EU/MU 關係圖：將逐點記錄描繪於 X-Y 平面上即得。如圖 2-2 所示。

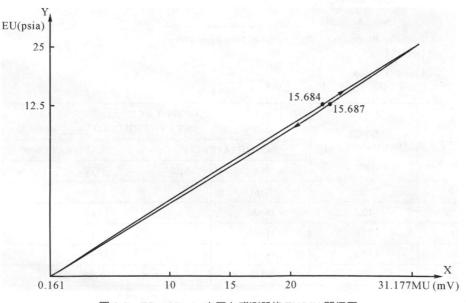

圖 2-2　FS = 25psia 之壓力感測器的 EU/MU 關係圖

(1)　為了日後使用者的方便，將 MU 放在 X 軸而 EU 放在 Y 軸。若 X 軸是 EU、Y 軸是 MU，則是進行「校正」程序時所用的座標，概念如圖 2-1(b)。

(2)　上下兩線間之距離即為其遲滯量。

3.　校正公式：EU/MU 關係圖中軌跡的方程式即為校正公式。校正公式將感測器輸出(MU)、輸入(EU)間的關係以方程式表示。若 EU/MU 關係圖中，上下兩線間之距離(遲滯)甚小，則可將兩線視為同一線。否則應另取一上下兩線間之平均線以近似原來的曲線，並另將遲滯量標示於感測器之規格表中。

X-Y 平面上之曲線方程式：

$$Y = A_n X^n + A_{n-1} X^{n-1} + \cdots + A_1 X + A_0$$

化為 EU/MU 表示法：

$$EU = A_n MU^n + A_{n-1} MU^{n-1} + \cdots + A_1 MU + A_0$$

DATE：	4-10-90
MODEL NUMBER：	PA8224-25-21504
SERIAL NUMBER：	1170
CUSTOMER：	

REF Par.
in ATP 2603

1   Bridge Resistance：

        Input Resistance：   368   Ohms

        Output Resistance：   356   Ohms

2   Insulation Resistance： 2K megohas(100 megohas Min.)
    (at 50 VDC)

3   Calibration
    INPUT VOLTAGE：   10   VDC

%FS	INPUT PRESSURE(psia)	OUTPUT AT 75° ± 10°F IN __mV__ (mV，V) WITH LOAD _ _ _ ohms			
		CALIBRATION #1		CALIBRATION #2	
		POS	NEG*	POS	NEG*
0	0	0.161		0.160	
50	12.5	15.682		15.686	
100	25.0	31.177		31.177	
50	12.5	15.687		15.687	
0	0	0.161		0.160	

*Required for PM model differential transducers only.

DATA REDUCTION

Combined Error：

Combined Error (RSS)：   0.04   %FS

Final Acceptance：   22   APR 12 1990
        Inspector   Date

圖 2-3　壓力感測器的校正記錄

(本圖取材美國 STATHAM Division Of Schlumberger Industries 公司之產品測試報告)

現在的順序是先有軌跡，然後找出描述該軌跡的方程式。但是即使以數值分析之「曲線擬合(Curve Fitting)」方法求得該軌跡之近似方程式，再依此方程式一點一點描繪所得的曲線，與該軌跡亦不會完全重合。況且 EU/MU 軌跡已累積了許多誤差，故無須以高階方程式求取該軌跡之精確表示(即使高階方程式所代表的曲線與 EU/MU 圖中軌跡間仍有誤差)。爲使用上的方便，可將 EU/MU 軌跡視爲直線(只要累積的總誤差在可接受範圍內)，再將感測器的非線性度標示於感測器之規格表中。故通常感測器之校正公式僅以一階方程式表示。若該曲線爲一階(線性)則

$$EU = A_1 \times MU + A_0$$

A_1 稱爲該直線之「斜率(Slope)」，A_0 稱爲「截距(Offset)」。(此截距係 y 截距)

$$\Rightarrow EU = Slope \times MU + Offset \tag{2.1}$$

此例中 $Slope = \dfrac{25-0}{31.177-0.161} = \dfrac{25}{31.016} = 0.806$

$$Offset = EU - Slope \times MU$$
$$= 0 - 0.806 \times 0.161$$
$$= -0.13$$

故此壓力感測器之校正公式爲

$$psia = 0.806 \times mV - 0.13 \tag{2.2}$$

以 50% FS 之值(15.684 mV，12.5 psia)計算誤差(ε)：

$0.806 \times 15.684 - 0.13 = 12.511$ (psia)

$\varepsilon = \dfrac{12.511-12.5}{25} \times 100\% = 0.045\%$ FS

設若以此感測器量測未知壓力 P，量得感測器輸出電壓爲 18.77mV，則由(2.2)式可知

$$P = 0.806 \times 18.77 - 0.13 = 15 \text{(psia)}$$

【Note：已知一平面上若干點的座標為：(x_1, y_1), (x_2, y_2), $\cdots$, (x_n, y_n)，以數值分析方法(Linear Regression, Least-Squares approximation)對該組數據求得最佳直線的方程式為：

$$y = ax + b$$

其中　　$a = \dfrac{n\sum x_i y_i - (\sum x_i)(\sum y_i)}{n\sum x_i^2 - (\sum x_i)^2}$, $b = \dfrac{(\sum y_i)(\sum x_i^2) - (\sum x_i y_i)(\sum x_i)}{n\sum x_i^2 - (\sum x_i)^2}$

以表 2-1 的數據為例：現已知三點的座標為(0.161, 0)、(15.684, 12.5)、(31.177, 25)，故數據組數 $n = 3$、

$$\sum x_i = 47.022 \text{、} \sum y_i = 37.5 \text{、} \sum x_i^2 = 1218.02 \text{、} \sum x_i y_i = 975.475$$

代入公式可得

$$a = \frac{3 \times 975.475 - (47.022 \times 37.5)}{3 \times 1218.02 - (47.022)^2} = 0.80603$$

$$b = \frac{37.5 \times 1218.02 - (975.475 \times 47.022)}{3 \times 1218.02 - (47.022)^2} = -0.1338$$

最佳直線方程式為：psia $= 0.80603 \times$ mV $- 0.1338$】

2.3　討論

1. 感測器製造商必須至少提供校正記錄三部分中之任一部分，或是 Slope、Offset 二值給客戶，客戶才能正確使用該感測器。

   【Note：校正公式中的 Slope 代表「單位 MU 所對應的 EU(i.e. EU/MU)」，而感測器規格中的 Sensitivity 則代表「單位 EU 所對應的 MU(i.e. MU/EU)」，兩者互為倒數。又校正公式中的 Offset 代表「MU = 0 時所對應的 EU」，而感測器規格中的 Zero EU Output(零點，例：圖 1-15 的 Zero Pressure Output)則代表「EU=0 時所對應的 MU」。故廠商提供 Slope、Offset 或是提供 Sensitivity、Zero EU Output 都可以。】

2. EU/MU 關係圖可能並非直線，為方便使用，通常都假設為直線。也就是說感測器規格表中的「線性範圍(Linear Range)」只是號稱是直線，但並不真正是直線。故感測器規格中都標註有「非線性度(Non-Linearity)」一值。若使用範圍內之非線

性及遲滯等因素所造成與假設直線(校正公式)間的誤差大過我們所能接受,則有
下列兩種對策:

(1) 軟體法:將使用範圍分成若干段,每段分別求其代表校正公式的直線方程
式。輸入信號落在那一段,則用該段的校正公式。如此可大幅縮小非線性誤
差。如圖 2-4 所示。

(2) 硬體法:將感測器配搭其他硬體(如使用修正電路,例:圖 3-33),使之線性
化後再求校正公式。

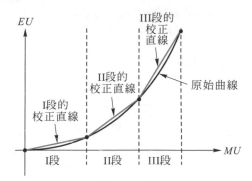

圖 2-4 修正感測器線性度的軟體方法

3. 建立逐點記錄之後,亦可以「查表(Table Look-up)」的方式,將 MU 轉換為 EU,
即假設任相鄰兩點間輸出輸入關係為線性,以內插法求取其間之值。但不可用外
插法求取量測範圍外之值,因為量測範圍係指線性範圍,量測範圍外的輸出輸入
間關係並非線性,故外插法不適用。

4. 校正公式係在一定條件之下求得,故該元件需在相同條件下使用才能得到正確結
果。若條件改變(如激勵電壓變大或變小)則 Slope 或 Offset 亦將跟著改變。

5. 若量測值(MU*)係經放大的結果,於使用校正公式時則需將放大倍率(G)考慮在內
(請見圖 2-5)。

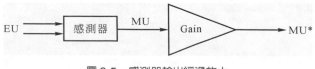

圖 2-5 感測器輸出經過放大

由(2.1)式

$$\text{EU} = \text{Slope} \times \frac{\text{MU*}}{G} + \text{Offset} = \frac{\text{Slope}}{G} \times \text{MU*} + \text{Offset}$$

$$= \text{Slope*} \times \text{MU*} + \text{Offset} \tag{2.3}$$

【Note：可見放大倍率僅改變校正公式之斜率，並不改變截距。】

以上題為例，設 $G = 100$，則由(2.2)式，

$$\text{psia} = \frac{0.806}{100} \times \text{mV*} - 0.13 = 0.00806 \times \text{mV*} - 0.13 \tag{2.4}$$

設現由放大器輸出端量得電壓 2.5V，則代入(2.4)式可得待測壓力為 20psia。

CALIBRATION TABLE FOR PLATINUM RESISTANCE THERMOMETER

PART NO.：364-4788-1   SER. NO.：19   DATE：5-19-88

CALIBRATION POINTS   CALLENDAR-VAN DUSAN CONSTANTS

TEMPERATURE (DEG.C)	RESISTANCE (OHMS)		
0.00	100.11	ALPHA = .003894	
100.00	139.09	DELTA = 1.492690	
419.00	255.86	BETA = .110361	
−182.00	25.03		

TEMPERATURE (DEG.F)	RESISTANCE (OHMS)	TEMPERATURE (DEG.F)	RESISTANCE (OHMS)
−60.00	79.73	540.00	207.13
−40.00	84.19	560.00	211.15
−20.00	88.63	580.00	215.16
0.00	93.06	600.00	219.16
20.00	97.47	620.00	223.14
40.00	101.87	640.00	227.10
60.00	106.25	660.00	231.05
80.00	110.62	680.00	234.99
100.00	114.97	700.00	238.91
120.00	119.31	720.00	242.82
140.00	123.64	740.00	246.72
160.00	127.95	760.00	250.60
180.00	132.25	780.00	254.46
200.00	136.53	800.00	258.31
220.00	140.80	820.00	262.15
240.00	145.05	840.00	265.97
260.00	149.29	860.00	269.78
280.00	153.51	880.00	273.58
300.00	157.72	900.00	277.36
320.00	161.92	920.00	281.12
340.00	166.10	940.00	284.87
360.00	170.27	960.00	288.61
380.00	174.42	980.00	292.33
400.00	178.56	1000.00	296.04
420.00	182.68	1020.00	299.73
440.00	186.79	1040.00	303.41
460.00	190.89	1060.00	307.07
480.00	194.97	1080.00	310.72
500.00	199.04	1100.00	314.36
520.00	203.09	1120.00	317.98
1140.00	321.59	1180.00	328.76
1160.00	325.18	1200.00	332.32

圖 2-6　電阻溫度感測器的校正記錄(本圖取材自美國 Tayco Engineering 公司之產品測試報告)

Customer：

Meter Model：FT-12AEXB-LEA-1

Meter Serial #：1205042

End Fitting：MS

Bearing Type：BALL

Pickoff Type：RF

Pickoff P/N：27-31199-101

Job #：29220

Tag #：N/A

Size：3/4"

Cal. Media：OIL BLEND

Viscosity：11.69CTS

Temperature：73.00°F

Density：6.85 #/GAL

Meter Freq (Hz)	Meter Flow Rate (GAL/Min)	Meter K Factor (P/GAL)	Freq/Viscosity (Hz/CTS)
2490.7	25.1445	5943.266	213.006
1499.6	14.9016	6038.094	128.250
903.57	8.8490	6126.550	77.274
561.67	5.4905	6137.940	48.035
329.17	3.2364	6102.424	28.151
199.19	1.9855	6019.425	17.035
112.46	1.1506	5864.425	9.618
66.486	0.7040	5666.365	5.686
37.360	0.4182	5360.202	3.195
19.980	0.2455	4884.038	1.709

Calibrated by：

Certifited by：

Signal Output：N/A

Calib Inv #：51131

Calib Recal Date：7/10/90

Date：05-18-90

Trans K：41507.78

圖 2-7　渦輪式流量計的校正記錄(本圖取材自美國 Flow Technology 公司之產品測試報告)

1. 何謂 EU？何謂 MU？其間關係如何？

2. 一份完整的校正記錄應包含哪些部分？

3. 校正記錄中之「Slope」及「Offset」各代表何意？

4. 若一感測元件之非線性度甚大，如何求其校正公式？

5. 校正公式(Calibration Equation)的用處為何？

6. 若一量度系統之激勵電源電壓改變，對校正公式的影響為何？

7. 如何修正不同放大倍率之下感測元件之校正公式？

8. 請以圖 2-7 之資料，作一份完整的校正記錄。

溫度感測

3.1 溫度(Temperature)

1. 定義：一物體或環境冷熱程度的數值表示。

2. 溫標(Temperature Scale)：常用溫標有下列幾種，均是以一大氣壓下純水之凝固點 (Freezing Point)及沸點(Boiling Point)的冷熱程度為基準而訂定。

   (1) 華氏(Fahrenheit，$^\circ$F)：FP = 32°F，BP = 212°F。

   (2) 攝氏(Celsius/Centigrade，$^\circ$C)：FP = 0°C，BP = 100°C。

   (3) 絕對熱力學溫標(Absolute Thermodynamic Temperature Scale)
       以絕對零度為此溫標之零點。所謂絕對零度乃指所有物質之熱含量為零的最高溫度。又分為雷氏及凱氏兩種：

       ① 雷肯(Rankine，$^\circ$R)：又稱華氏絕對溫標
           FP = 491.69°R，BP = 671.69°R

       ② 凱爾文(Kelvin，K)，又稱攝氏絕對溫標
           FP = 273.16K，BP = 373.16K

   (4) 列氏(Reaumur，$^\circ$R')：多用於酒精工業
       FP = 0°R'，BP = 80°R'

3. 溫標間的換算：如圖 3-1 所示。

4. 可代表溫度之物理特性

一物體之溫度改變時，其許多特性如體積、壓力、動能、顏色、電阻等均隨溫度呈一定關係的變化。若能量測其中某一特性並循此一定關係反推，則可得該物體之溫度。

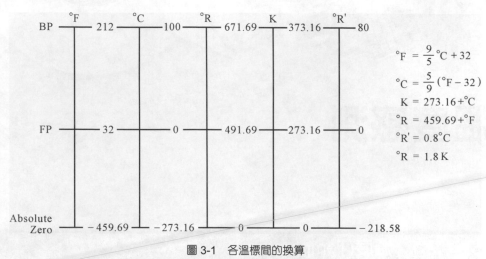

圖 3-1 各溫標間的換算

3.2 電阻式溫度感測器
(Resistance Temperature Device，RTD)

■ 3.2-1 工作原理

此型感測器乃利用感測元件之電阻值隨溫度變化而變化的特性，進行溫度感測。其電阻值與溫度之關係為

$$R_t = R_0(1 + \alpha t) \tag{3.1}$$

其中　　R_t ：t°C時之電阻值(Ω)

R_0 ：0°C時之電阻值(Ω)

α ：電阻溫度係數(Resistance Temperature Coefficient)，隨材質而異($1/^{\circ}$C)

t ：感測器所在環境的溫度($^{\circ}$C)

表 3-1　各種材質之電阻溫度係數[6]

材質	α (1/°C)
銅	0.0038
鉑	0.00392
鎢	0.0045
鎳	0.0067

例題 3.1

設一鉑(Pt)質元件在 0°C 時之阻值爲 100Ω，(1)求其於 100°C 時之阻值。(2)若阻值爲 178Ω，求該元件所在之環境溫度？

解 由(3.1)式及表 3-1 可知

(1)　$R_{100} = 100(1 + 0.0039 \times 100) = 139(\Omega)$

(2)　$178 = 100(1 + 0.0039 \times t)$

　　$\Rightarrow t = 200°C$

■ 3.2-2　量測方法

1. 電阻法

因爲感測元件之電阻值與溫度的關係式爲已知，若以 EU/MU 之型態可表示如下：

$$R_t = R_0(1 + \alpha t)$$
$$\Rightarrow MU(\Omega) = R_0[1 + \alpha EU(°C)]$$
$$\Rightarrow EU = \frac{1}{R_0 \alpha} \times MU - \frac{1}{\alpha}$$
$$\Rightarrow °C = \frac{1}{R_0 \alpha} \times \Omega - \frac{1}{\alpha} \tag{3.2}$$

此即爲 RTD 的校正公式。其中 Slope $= \dfrac{1}{R_0 \alpha}$，Offset $= -\dfrac{1}{\alpha}$，若可量得 RTD 的電阻值(R_t)，代入校正公式即可得待測溫度(t)。以例 3-1 之感測器爲例，Slope $= \dfrac{1}{R_0 \alpha} = \dfrac{1}{100 \times 0.0039} = 2.5641$，Offset $= \dfrac{-1}{\alpha} = \dfrac{-1}{0.0039} = -256.41$，該感測器的校正公式

為℃= 2.5641× Ω −256.41。若量得 RTD 之電阻值為 139Ω，代入校正公式得℃= 2.5641×139 −256.41 = 100。可知該 RTD 所在環境溫度為 100℃。

2. 電橋法

由上述方法可知，在相關參數已知的前提下，一支電阻器即可進行溫度感測，此時 EU 是℃、MU 是Ω，亦即「量電阻Ω→得溫度℃」。但上述方法有下列缺點：

(1) 必須親赴待測現場以量取 RTD 之電阻值。然若待測現場不適合接近(如高溫、高壓之鍋爐，不易進手之管路，化學反應槽等)，則此法不適用。

(2) 若待測溫度變化甚快，則電阻值亦隨之快速變化，動態讀取不易。

(3) 測得信號為電阻值，不易傳輸。

若將電阻值的變化轉換為電壓信號，則這些問題即可解決。經常使用的配合電路為惠斯頓電橋(Wheatstone Bridge)，如圖 3-2 所示。

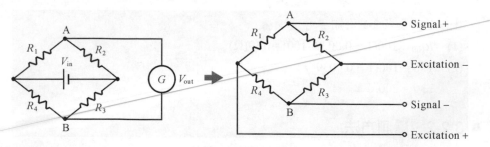

圖 3-2　惠斯頓電橋

$$
\begin{aligned}
V_{\text{out}} &= V_A - V_B \\
&= \left(\frac{R_2}{R_1 + R_2} \times V_{\text{in}} \right) - \left(\frac{R_3}{R_3 + R_4} \times V_{\text{in}} \right) \\
&= \left(\frac{R_2}{R_1 + R_2} - \frac{R_3}{R_3 + R_4} \right) V_{\text{in}}
\end{aligned} \tag{3.3}
$$

(1) 可變電阻式

當 $V_{\text{out}} = 0$ 時，稱「電橋平衡(Bridge Balanced)」。由(3.3)式

$$\text{if } V_{\text{out}} = 0 \Leftrightarrow \frac{R_2}{R_1 + R_2} - \frac{R_3}{R_3 + R_4} = 0$$

$$\Leftrightarrow \frac{R_2}{R_1 + R_2} = \frac{R_3}{R_3 + R_4}$$

$$\Leftrightarrow \frac{R_1}{R_4} = \frac{R_2}{R_3}$$

如圖 3-3，若設 $R_1 = R_2$ 並自定其值，R_3 為可變電阻，R_4 為電阻式溫度感測器 (RTD)。則調整 R_3，使 $V_{\text{out}} = 0$ 時，R_3 之值會剛好等於 RTD 之電阻值。此時可以電阻法(3.2 式)求得待測溫度，或將 R_3 之刻度經校正後標示為溫度刻度而直接讀得。

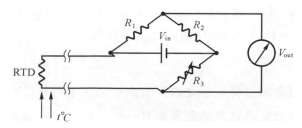

圖 3-3　可變電阻式溫度感測電橋

此法解決了親赴現場的問題，但若待測溫度變化甚快，則欲藉 R_3 將電橋調成平衡仍誠屬不易，亦即動態的問題沒有解決。

(2)　固定電阻式

將電橋四臂中之一以 RTD 取代，其他三臂安裝已知且固定阻值之電阻，則電橋輸出電壓會隨著待測溫度(t℃)變化而呈一定關係的變化(請見圖 3-4)。

$$V_{\text{out}} = \left(\frac{R_2}{R_1 + R_2} - \frac{R_3}{R_3 + \text{RTD}} \right) V_{\text{in}} \tag{3.4}$$

而　$\text{RTD} = R_0(1 + \alpha t)$ \hfill (3.5)

量得 V_{out} 後，根據(3.4)式可求得 RTD 之阻值，再由(3.5)式即可求得待測溫度 (t℃)。

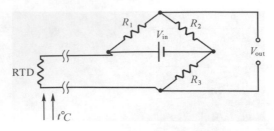

圖 3-4　固定電阻式溫度感測電橋

例題 3.2

一熱源溫度待測，其範圍為 0℃～300℃。現以 PT-100(材質為鉑，0℃時電阻值為 100Ω)為感測器，利用圖 3-4 之電路，並選 $R_1 = R_2 = R_3 = 100\Omega$，$V_{in} = 10V$，求：1. 若量得 $V_{out} = 1V$，則 RTD 的溫度(t℃)為何？

　2. 該電路之校正公式。

【Note：以感測器量測一待測量之前，需先估計該量的範圍，才能選擇正確的感測器，否則無法決定應使用感測器的 Range 為何？雖該待測量為未知，然應以對該量物理特性的瞭解估計之。例如欲量測「水」的溫度，則該待測量勢必介於 0℃～100℃ 之間，因而不會選用 Range 為 1000℃ 的感測器。】

解　1. 由(3.4)式，

$$V_{out} = \left(\frac{100}{100+100} - \frac{100}{100 + RTD} \right) \times 10 = 1 \Rightarrow RTD = 150\Omega$$

代入(3.5)式，

$$150 = 100(1 + 0.0039 \times t) \Rightarrow t = 128.2℃$$

2. 此時之 EU 為℃，而 MU 為 Volt，由(3.4)式

$$V_{out} = \left(\frac{1}{2} - \frac{100}{100 + RTD} \right) \times 10 \Rightarrow RTD = 100 \left(\frac{5 + V_{out}}{5 - V_{out}} \right) \tag{3.6}$$

(3.6)式為 RTD 阻值與 V_{out} 間的關係式，又

$$RTD = 100(1 + 0.0039 \times t) \tag{3.7}$$

將(3.6)式代入(3.7)式

$$\Rightarrow 100\left(\frac{5+V_{\text{out}}}{5-V_{\text{out}}}\right)= 100(1 + 0.0039\times t)$$

$$\Rightarrow t(^\circ\text{C}) = 512.82\times\frac{V_{\text{out}}}{5-V_{\text{out}}} \tag{3.8}$$

驗算：令 $V_{\text{out}} = 1\text{V}$

$$\Rightarrow t = 512.82\times\frac{1}{5-1}=128.2(^\circ\text{C})$$

(3.8)式即為該電路之校正公式

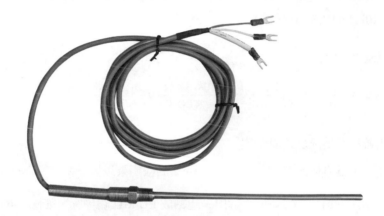

圖 3-5　電阻式溫度感測器(PT-100)

　　由上述可知，圖 3-4 中感測器的任務是：「將溫度的變化轉換為電阻的變化」；電橋則扮演：「將電阻變化轉換成電壓變化」的角色。此時 EU 是℃、MU 是 V，亦即「量電壓 V →經由電阻Ω→得溫度℃」，比起單純的電阻法多了一個過程。但是因此解決了單純電阻法的三個缺點：

(1)　在電橋端量測電壓，故量度時不必親赴待測現場。

(2)　因電壓信號的頻率響應佳，可經由記錄器記錄量得電壓與時間，動態量測不成問題。

(3)　電壓信號傳輸容易。

(3) 線性度討論

由(3.8)式可明顯地看出，該裝置之校正公式為非線性。在 2.3 節中曾提及修正非線性的方法，此時可以電路來修正其線性度。本來感測器的輸出／輸入關係是線性的(3.2 式)，但加入電橋後的輸出／輸入關係變成了非線性(3.8式)，可見問題出在電橋。電橋是由三個電阻與一個電壓源(V_{in})所構成(圖3-4)，由 3.4 式可知 V_{in} 不是造成非線性的原因，原因是在那三個電阻。現嘗試更換 R_1、R_2 及 R_3 之值，看看結果如何？令例3-2之選擇($R_1 = R_2 = R_3 = 100\Omega$)為 Case 1，令 Case 2 之 $R_1 = R_2 = R_3 = 10k\Omega$，Case 3 則令 $R_1 = 100\Omega$，$R_2 = R_3 = 10k\Omega$。由(3.4)式可知

$$\text{Case 2}：V_{out} = \left(\frac{1}{2} - \frac{10k}{10k + \text{RTD}}\right) \times 10$$

$$\text{Case 3}：V_{out} = \left(\frac{10k}{100 + 10k} - \frac{10k}{10k + \text{RTD}}\right) \times 10$$

比較三種情況之逐點輸出結果如表 3-2 所示。然此三種情況之輸出位準差距甚大，為方便比較起見，現將 Case 2 的輸出乘以 $\left(-\frac{1}{2}\right)$，將 Case 3 的輸出乘以(20)之後，與 Case 1 的輸出一起繪成 EU/MU 關係圖，如圖 3-6 所示。

表 3-2　三種情況之輸出

t (°C)	RTD (Ω)	V_{out} (V)		
		Case 1	Case 2	Case 3
0	100	0	-4.9	0
50	119.5	0.45	-4.88	0.019
100	139	0.82	-4.86	0.038
150	158.5	1.13	-4.84	0.057
200	178	1.40	-4.83	0.076
250	197.5	1.64	-4.81	0.095
300	217	1.85	-4.79	0.113

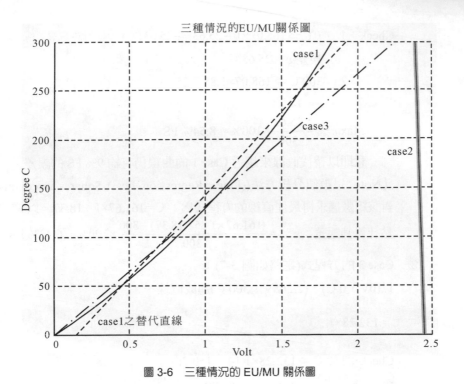

圖 3-6　三種情況的 EU/MU 關係圖

由圖 3-6 可見 Case 1 有相當大的曲率，若直接以頭尾兩點相連所作成的直線來取代原來的曲線，則在中間部分(150℃左右)會有相當大的誤差。現取(0.45V，50℃)及(1.64V，250℃)兩點連成替代直線來取代原來的曲線，可使最大誤差減半。

① 替代直線的方程式：

$$y = mx + b$$
$$m = \frac{250 - 50}{1.64 - 0.45} = 168.07 \quad \text{(Slope)}$$
$$250 = 168.07 \times 1.64 + b$$
$$\Rightarrow b = -25.63 \quad \text{(Offset)}$$
$$\Rightarrow ℃ = 168.07 \times V - 25.63 \quad \text{(校正公式)}$$

Check：1.　　$0℃ \Rightarrow 168.07 \times 0 - 25.63 = -25.63 (℃)$

誤差 $\varepsilon = 25.63℃$

2.　　$300℃ \Rightarrow 168.07 \times 1.85 - 25.63 = 285.3 (℃)$

$\varepsilon = 14.7℃$

Max $\varepsilon \% = \dfrac{25.63}{300} \times 100\% = 8.54\%$ FS

　　　　意即以替代直線來趨近 Case 1 的曲線仍有約 9% FS 的誤差。

【Note：以數值分析方法((Linear Regression, Least-Squares approximation)對該組數據求得最佳直線的方程式為：$℃ = 161.67 \times V - 18.37$。以 $300℃$ 之點計算其誤差：$\varepsilon \% = \dfrac{(161.67 \times 1.85 - 18.37) - 300}{300} \times 100\% = 6.43\%$ FS】

②　Case 3 的方程式(電路如圖 3-7)：

以$(0V，0℃)，(2.268V，300℃)$連成直線，

$$\Rightarrow ℃ = 132.28 \times V \tag{3.9}$$

Check：$150℃ \Rightarrow 132.28 \times 1.14 = 150.8(℃)$　　　$\varepsilon = 0.8℃$

Max $\varepsilon \% = \dfrac{0.8}{300} \times 100\% = 0.27\%$ FS

可見 Case 3 的線性度相當好。

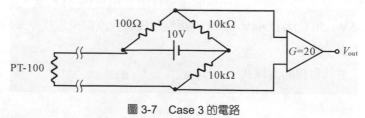

圖 3-7　Case 3 的電路

③　Case 2

由圖形顯示 Case 2 的斜率甚大，表示靈敏度甚差。

④　由以上的討論可得結論：

a. Case 1 誤差大(替代直線)。

b. Case 2 不靈敏。

c. Case 3 線性度佳，但需放大。

⑤　由此例題可得經驗如下：使用「電橋」做爲橋式元件之阻抗變化轉換爲電壓變化功能之電路時，與電橋電源正端連接之二元件阻值須相同，如圖 3-4 之 R_1 須設爲與 PT-100 之阻值相同的 100Ω；而與電橋電源負端連接之二元件阻值須相同，且爲與正端相連元件之 100 倍，如圖 3-4 之 R_2、R_3 須設爲 10kΩ。結果如圖 3-7 所示。如此可限制電橋所產生之非線性。

(4)　西門三線式 RTD(Siemens 3-Wires RTD)

圖 3-7 似乎已是相當理想的電路，但有一個問題被忽略了，就是導線電阻。因爲通常待測環境(如管路或化學反應槽或蒸汽鍋爐……等)與電橋間距離甚遠，故 RTD 與電橋間之導線電阻(r)不可忽略。

由圖 3-8，$V_{\text{out}} = \left[\left(\dfrac{10k}{100+10k} - \dfrac{10k}{10k+2r+\text{RTD}}\right) \times 10\right] \times 20$

爲了以數據說明導線電阻所造成誤差的嚴重性，現設 $r = 10Ω$，@0℃，則

$$V_{\text{out}} = \left[\left(\frac{10k}{100+10k} - \frac{10k}{10k+20+100}\right) \times 10\right] \times 20 = 0.391(\text{V})$$

代入(3.9)式，$132.28 \times 0.391 = 51.7(℃)$

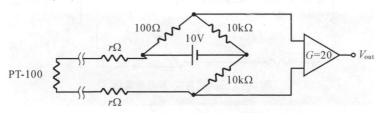

圖 3-8　加入導線電阻之電路

PT-100 所在環境溫度爲 0℃，經此電路得到 0.391V 之輸出，再代入校正公式(3.9)式，卻得到 51.7℃，如此大的誤差乃導因於導線電阻。消除此誤差的直接方法，是將 r 值量得後代入圖 3-8 之電橋輸出公式，重新計算一校正公式。但不同場合之 r 值皆不相同，若每次施工均須先量測 r 值再求校正公式，勢必非常麻煩，況且 r 亦會隨氣溫而變化，不同季節甚至每天早晚，r 值均可能不同。故須想辦法將導線電阻的影響消除。於是三線式 RTD 便應運而生。

由圖 3-9 可知

$$V_{\text{out}} = \left[\left(\frac{10k}{100 + 10k + r} - \frac{10k}{10k + \text{RTD} + r} \right) \times (10 - V_r) \right] \times 20 \qquad (3.10)$$

由網目電流法可求出 $V_r \doteqdot 0.02\text{V} \ll 10\text{V}$，故可忽略。現計算圖 3-9 之電路受導線電阻影響所產生的誤差，仍設 $r = 10\Omega$，環境溫度為 0℃，則由(3.10)式可得 $V_{\text{out}} = 0\text{V}$ 代入(3.9)式得 0℃。Check 150℃，RTD = 158.5Ω，由(3.10)式得 $V_{\text{out}} = 1.138\text{V}$，代入(3.9)式，得 150.53℃，導線電阻因素於焉消除。故三線式 RTD 在電路中可消除導線電阻的干擾(因在(3.10)式中相減之前後二項各分得一個 r)。但請注意，校正公式仍用由二線式求得的(3.9)式。故以 RTD 配合電橋測溫的校正公式可於施工前即先行求得，不受導線電阻影響。

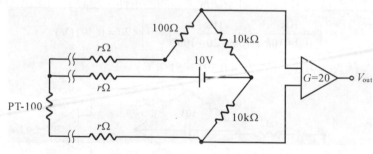

圖 3-9　三線式 RTD 及電橋電路

(5)　校正電路(Calibration Circuit)

若電源電壓有變化(如電池逐漸耗弱)，則電橋電路之輸出電壓自然也跟著受影響，然而校正公式乃在假設 V_{in} 為定值之條件下求得，故若電源電壓改變，經由校正公式得到的 EU 值當然就會有誤差。有兩種方法補正，介紹於下：

①　數值補正：

圖 3-10 中之 R-Cal 為一個校正電阻(Calibration Resistor)，其阻值為固定且已知。每次量度前，先將開關往上扳(使 a→d，b→e，c→f)，將電橋跨上一已知阻值之電阻(R-Cal)，則輸出應為定值(V_{cal})。若 V_{out} 與該定值不同，則記錄其差值用以修正校正公式中之 Slope 值，再將開關扳回，即可正常使用。亦即，設量得電壓為 V_m，則校正公式應修正如下：

$$EU = Slope \times \left[\left(\frac{V_{cal}}{V_m} \right) \times MU \right] + offset$$

$$= \left[Slope \times \left(\frac{V_{cal}}{V_m} \right) \right] \times MU + offset$$

$$= Slope^* \times MU + offset \quad \text{(斜率改變)}$$

此法亦可於量度進行中任一時刻執行之。R-Cal 之阻值以待測溫度範圍之中間值(50%)時 RTD 之阻值為適當之值。如此若測得電壓高(低)於補正測試時之應有值，則可知此時待測溫度高(低)於待測溫度範圍之中間值。可由測得電壓推知現在待測溫度的大概值。

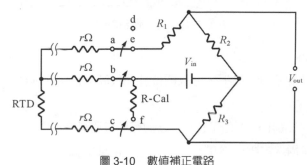

圖 3-10　數值補正電路

② 電源補正：

數值補正法需經計算後修正校正公式中的斜率值。但一個待測點的校正公式一經決定最好不要輕易更動，特別是在待測點甚多或使用該測試點信號的相關人員及介面甚多的場合。因任何一個疏漏，校正公式更動而未被修改所造成量測結果的誤差均可能導致嚴重的後果。電源補正電路同數值補正法，有一個校正電阻(R-Cal)，但電源另串聯一調壓電阻(R-adj，adjustment Resistor)，並且將 V_{in} 提高(較無 R-adj 時)2Volt 以上，如圖 3-11 所示。如例題 3.2，校正公式(3.9 式)是在 $V_{in} = 10V$ 下求得，使用電源補正法則是將 V_{in} 高於 10V 的電壓儲存於 R-adj 內，當 V_{in} 下降時，調整 R-adj 使 R-adj 的分壓減少而使得 A、B 間電壓仍維持 10V，亦即：

$$V_{AB} = (V_{in} - V_r - V_{adj}) = 10V$$

如此亦可補償導線電阻 $r\Omega$ 所消耗的壓降(V_r)。

在每次量取數據前，將圖 3-11 的開關往上扳(使電橋的信號由 R-cal 提供)，此時 V_{out} 應等於 V_{cal}，若不相等則調整 R-adj 使 $V_{out} = V_{cal}$，再扳回開關即可正常使用。。

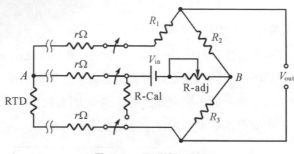

圖 3-11　電源補正電路

3. 電位計(Potentiometer)法

在待測點不是很遠的情況下，可以電位計法很簡單且快速地建立一測溫裝置，如圖 3-12 所示。

圖中 R 為基準電阻，阻值自定，但以約等於待測溫度範圍之中間溫度時的 RTD 阻值為宜。其兩端電壓即為量測裝置之輸出電壓(V_{out})。

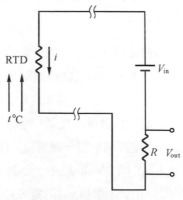

圖 3-12　電位計法電路

由圖 3-12 可知

$$i = \frac{V_{out}}{R}$$

而　$V_{out} = V_{in} - V_{RTD} = V_{in} - i \times \text{RTD} = V_{in} - \frac{V_{out}}{R} \times \text{RTD}$

$$\Rightarrow \text{RTD} = \frac{R(V_{\text{in}} - V_{\text{out}})}{V_{\text{out}}}$$

代入(3.1)式，$\dfrac{R(V_{\text{in}} - V_{\text{out}})}{V_{\text{out}}} = R_0(1 + \alpha t)$

$$\Rightarrow t = \frac{RV_{\text{in}} - RV_{\text{out}} - R_0 V_{\text{out}}}{\alpha R_0 V_{\text{out}}} \tag{3.11}$$

例題 3.3

圖 3-12 中之 RTD 爲 PT-100，基準電阻爲 100Ω，輸入電壓爲 10V，求：1. 該裝置之校正公式。

2. 若量得 $V_{\text{out}} = 4.184\text{V}$，待測溫度 t 爲華氏幾度？

解 1. 由(3.11)式可知

$$t = \frac{100 \times 10 - 100 \times V_{\text{out}} - 100 \times V_{\text{out}}}{0.0039 \times 100 \times V_{\text{out}}} = \frac{1000 - 200 V_{\text{out}}}{0.39 V_{\text{out}}} = 2564 \, (V_{\text{out}})^{-1} - 512.8$$

$\Rightarrow$ 校正公式：$℃ = 2564 \times (V_{\text{out}})^{-1} - 512.8$

2. 若 $V_{\text{out}} = 4.184\text{V}$，則

$$t = 2564 \times \left(\frac{1}{4.184} \right) - 512.8 = 100 \; (℃)$$

$$t = \frac{9}{5} \times 100 + 32 = 212 \; (℉)$$

■ 3.2-3　插入效應(Immersion Effect)

因感測器插入待測物(或環境)深度不同，造成量測結果有所差異的現象稱爲「插入效應」。須計算修正量以求得正確值。以玻璃管溫度計爲例，

$$修正量 = a \times n \times (T - t) \tag{3.12}$$

a：玻璃管內水銀膨脹係數

　℉：0.00009

　℃：0.00016

n：液面以上之讀數

T：溫度計指示溫度

t：露出部分之平均溫度

正確溫度 ＝ 指示溫度 ＋ 修正量

例題 3.4

如圖 3-13，以一玻璃管水銀溫度計量測一容器內液體的溫度，溫度計刻度 20 ℃以下之部分沒入液中，溫度計指示值為 85℃，而環境溫度為 30℃，求液體正確的溫度。

解 Correction $= a \times n \times (T - t) = 0.00016 \times (85 - 20) \times (85 - 30) = 0.57 \, (℃)$

正確溫度 $= 85 + 0.57 = 85.57 \, (℃)$

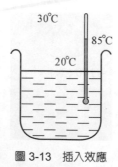

圖 3-13　插入效應

■ 3.2-4　電阻式溫度感測器的特性

與其他型式的溫度感測器比較，RTD 有下列特性：

1. 輸出之信號位準高，且特性曲線接近直線。

2. 量測之準確度高。

3. 感測元件與電橋間之距離不受限制。

4. 沒有參考冷點的問題。

5. 量測範圍約在 $-200℃\sim+500℃$ 之間。

6. 感測元件體積大，不適合較小物體之溫度量測。

7. 反應較慢。Frequency response 較差，是因為待測溫度須穿越 RTD 的套管，然後使其內金屬電阻改變，再使電橋不平衡後始輸出電壓改變。此過程均需耗費時間。

8. 沒有插入效應誤差。

9. 調變型感測器，需外加電源(供電橋或電位計等配合電路使用)。如圖 3-13-1 所示。

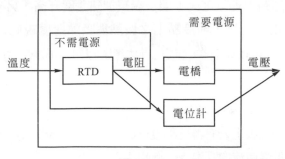

圖 3-13-1

3.3　熱電式溫度感測器
(Thermoelectric Temperature Sensor)

■ 3.3-1　熱電效應

1. 有關熱電原理有下列三種效應可資說明：

(1) 西貝克效應(Seebeck Effect)

兩種不同材質之金屬接合成連續迴路，若兩接合點的溫度不同，則在此迴路中會有電流產生。如圖 3-14 所示，在 A、B 點間之電動勢值為兩接合點溫度差的函數。

$$emf_{A,B} = \int_{T_1}^{T_2} (Q_A - Q_B)dT \tag{3.13}$$

Q_A，Q_B：A、B 兩金屬之熱傳導係數

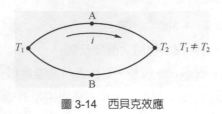

圖 3-14　西貝克效應

(2) 皮爾第效應(Peltier Effect)

在雙金屬迴路上通以電流，則一端被加熱溫度升高，另一端被冷卻溫度下降。若此電流一定，則接點上之發熱與吸熱速度視此二金屬之熱電功率(Thermoelectric Power) $\dfrac{dE}{dT}$ 而定，與接點的大小、形狀、方法無關。此現象為可逆。

(3) 湯姆生效應(Thomson Effect)

一均勻單一金屬上若有溫度梯度(Temperature Gradient)，則此金屬上有電流產生，由低溫處流向高溫處。此現象為可逆。

2. 將上述效應作一歸納

(1) 西貝克效應導因於不同材質金屬的結合及接合點溫度差。

(2) 皮爾第效應導因於外加電流。

(3) 湯姆生效應導因於溫度梯度。

(4) 不施以外加電流則無皮爾第效應。

(5) 導線保持均溫則無湯姆生效應。

■ 3.3-2　熱電定律(Thermoelectric Law)

除上述三個熱電效應外，另有三個熱電定律，可更詳細解釋熱電效應，並使熱電效應更實用。

1. 均勻線路定律(Law of Homogeneous Circuit)

單一均勻金屬導線兩端的熱電動勢，與該導線兩端點的溫度有關，而與此導線中間的溫度無關(圖 3-15)。

圖 3-15　均勻線路定律

2. 居間金屬定律(Law of Intermediate Metals)

在一金屬導體線路中(單一或雙金屬)，設任一點 P 到另一點 Q 間之熱電動勢為 E；若在此兩點間加入其他金屬，且該加入金屬之兩端點溫度相等，則 P、Q 間之熱電動勢仍為 E，與此兩點間新加入之導線材質無關(圖 3-16)。

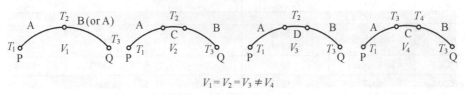

$$V_1 = V_2 = V_3 \neq V_4$$

圖 3-16　居間金屬定律

3. 居間溫度定律(Law of Intermediate Temperature)或稱連續溫度定律(Law of Successive Temperature)

一雙金屬迴路兩接點的溫度分別為 T_1 及 T_3 時所產生之熱電動勢，為同一雙金屬迴路在接點溫度為 $T_1 \& T_2$ 時及 $T_2 \& T_3$ 時所產生之熱電動勢的和(圖 3-17)。

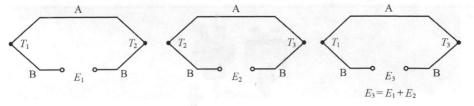

$$E_3 = E_1 + E_2$$

圖 3-17　居間溫度定律(連續溫度定律)

■ 3.3-3　熱電偶(Thermocouple)

利用上述熱電效應及熱電定律來量測溫度的雙金屬裝置稱為「熱電偶(TC or T/C)」。常用熱電偶的特性規格如表 3-3 所示。

表 3-3　常用熱電偶的特性規格

型式 (Type)	元件材料		量測範圍 (°C)	最高溫度	
	正極	負極		°C	°F
S	90%鉑(Pt) + 10%銠(Rh)	鉑(Pt)	0～1450	1700	3100
R	87%鉑(Pt) + 13%銠(Rh)	鉑(Pt)	0～1450	1700	3100
K(CA)	鉻鎳 (Chromel-P)	鋁鎳(Alumel)	−200～1200	1260	2300
J(IC)	鐵(Iron)	鎳(銅鎳) (Constantan)	−200～750	1000	1850
T(CC)	銅(Copper)	鎳	−200～350	600	1110
E(CRC)	鉻鎳	鎳	−200～800	1000	1850
B	70%鉑 + 30%銠	94%鉑 + 6%銠	600～1700	1700	3100
W3	97%鎢(W) + 3%錸(Re)	75%鎢 + 25%錸	400～2300	2300	4200
W5	95%鎢 + 5%錸	74%鎢 + 26%錸	400～2300	2300	4200

圖 3-18　熱電偶

1. 感測原理

如圖 3-19，雙金屬迴路就是熱電偶，根據西貝克效應，熱電偶之電動勢爲兩接點溫度差的函數。故若其中一接點的溫度已知，由(3.13)式，量得該電動勢後，另一接點的溫度便可求得。因熱電偶通常用來量高溫，故稱量測接點(Measurement Junction)爲「熱點(Hot Junction)」，而已知溫度之接點則稱爲「參考點(Reference Junction」或「冷點(Cold Junction)」。已知溫度稱爲「參考溫度(Reference Temperature)」。

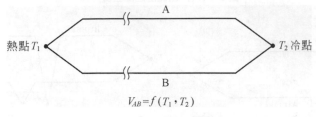

$$V_{AB} = f(T_1, T_2)$$

圖 3-19　熱電偶的測溫原理

2. 參考接點

量測熱電偶的熱電動勢，通常以三用電錶爲之。而三用電錶之探棒通常爲銅質，故銅線與熱電偶間又形成了新的接點。因爲熱電偶之材質均爲貴重金屬，若欲將熱電信號送至他處，通常以銅質電線爲傳輸線，於是也碰到產生新接點的問題(圖3-20)。

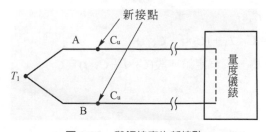

圖 3-20　與銅線產生新接點

由居間金屬定律(圖 3-16)可知，在熱電偶中若新加入的金屬與原金屬兩接點的溫度與原接點的溫度相同，則其熱電動勢不變。

圖 3-21 中之 E_3 等於三個接點所產生電動勢的向量和。故若欲量度熱點的溫度

(T_1)，則參考接點(冷點 T_2)的溫度必須為已知，在加入第三金屬的迴路(圖 3-20)中，新接點則須保持在相同且已知的溫度下。茲以 K 型熱電偶為例說明如下：

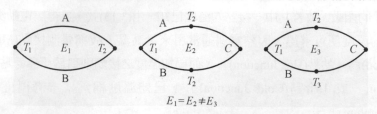

$$E_1 = E_2 \neq E_3$$

圖 3-21　熱電偶的居間金屬定律

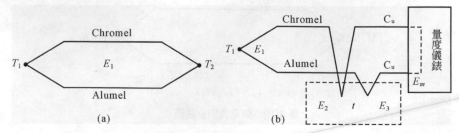

(a) (b)

圖 3-22　K 型熱電偶的參考接點

設 C_1、C_2、C_3 為比例常數，則

$$E_1 = C_1 \times T_1$$

儀器指示值 $E_m = E_1 + E_2 + E_3$ 　　(向量和)

而 $E_2 = C_2 \times t$

$E_3 = C_3 \times t$

故 $E_m = C_1 \times T_1 + (C_2 \times t + C_3 \times t)$

若 t 為定值，則 E_2、E_3 為定值。設 $(C_2 \times t + C_3 \times t) = C$

則 $E_m = C_1 \times T_1 + C$

$$\Rightarrow T_1 = \frac{1}{C_1}(E_m - C)$$

亦即可由量得電壓 E_m 推算得到待測溫度 T_1。

　　一般常用保持參考接點溫度為定值的方法有三：

(1) 冷卻法：將參考接點置於冰水混合液中，使接點保持在 0℃(因冰水二相同時存在的溫度為 0℃)。

(2) 加熱法：以一有溫控的加熱裝置使接點保持定溫。

(3)　電橋法：以熱敏電阻組成的電橋電路來補償因接點溫度變化而造成的輸出電壓變化。

　　每一型熱電偶的材質均爲特定，故其輸出與待測溫度(T_1)間的關係亦爲固定。表 3-4 記載了 K 型熱電偶的逐點校正記錄。有一點必須注意，本表之數據是在參考接點爲 0℃時所得到(即使用圖 3-22(b)之裝置，且 t = 0℃)。若參考接點不是 0℃，則需由表 3-5 中查出修正量，再將修正量加入量得電壓後，再由表 3-4 查出待測溫度(未表列者以內插法求得)。

表 3-4　K 型熱電偶在參考接點爲 0℃時的逐點校正記錄(本表取材自美國 NANMAC 公司)

TEMPERATURE-EMF FOR TYPE K THERMOCOUPLES

| | TEMPERATURES IN DEGREES C (IPTS 1968) | | | | | | REFERENCE JUNCTION AT 0 DEGREES C | | | | | |
DEG C	0	10	20	30	40	50	60	70	80	90	100	DEG C
	THERMOELECTRIC VOLTAGE IN ABSOLUTE MILLIVOLTS											
−200	−5.891	−6.035	−6.158	−6.262	−6.344	−6.404	−6.441	−6.458				−200
−100	−3.553	−3.852	−4.138	−4.410	−4.669	−4.912	−5.141	−5.354	−5.550	−5.730	−5.891	−100
−0	0.000	−0.392	−0.777	−1.156	−1.527	−1.889	−2.243	−2.586	−2.920	−3.242	−3.553	−0
+ 0	0.000	0.397	0.798	1.203	1.611	2.022	2.436	2.850	3.266	3.681	4.095	+ 0
100	4.095	4.508	4.919	5.327	5.733	6.137	6.539	6.939	7.338	7.737	8.137	100
200	8.137	8.537	8.938	9.341	9.745	10.151	10.560	10.969	11.381	11.793	12.207	200
300	12.207	12.623	13.039	13.456	13.874	14.292	14.712	15.132	15.552	15.974	16.395	300
400	16.395	16.818	17.241	17.664	18.088	18.513	18.938	19.363	19.788	20.214	20.640	400
500	20.640	21.066	21.493	21.919	22.346	22.772	23.198	23.624	24.050	24.476	24.902	500
600	24.902	25.327	25.751	26.176	26.599	27.022	27.445	27.867	28.288	28.709	29.128	600
700	29.128	29.547	29.965	30.383	30.799	31.214	31.629	32.042	32.455	32.866	33.277	700
800	33.277	33.686	34.095	34.502	34.909	35.314	35.718	36.121	36.524	36.925	37.325	800
900	37.325	37.724	38.122	38.519	38.915	39.310	39.703	40.096	40.488	40.879	41.269	900
1000	41.269	41.657	42.045	42.432	42.817	43.202	43.585	43.968	44.349	44.729	45.108	1000
1100	45.108	45.486	45.863	46.238	46.612	46.985	47.356	47.726	48.095	48.462	48.828	1100
1200	48.828	49.192	49.555	49.916	50.276	50.633	50.990	51.344	51.697	52.049	52.398	1200
1300	52.398	52.747	53.093	53.439	53.782	54.125	54.466	54.807				1300
DEG C	0	10	20	30	40	50	60	70	80	90	100	DEG C

表 3-5　K 型熱電偶之參考接點在不同溫度下的修正量記錄(本表取材自美國 NANMAC 公司)

CORRECTION TABLE FOR REFERENCE JUNCTION OTHER THAN 0℃
(Correction to be Added to Observed EMF)

	TEMPERATURES IN DEGREES C (IPTS 1968)											
DEG C	0	1	2	3	4	5	6	7	8	9	10	DEG C
THERMOELECTRIC VOLTAGE IN ABSOLUTE MILLIVOLTS												
0	0.000	0.039	0.079	0.119	0.158	0.198	0.238	0.277	0.317	0.357	0.397	0
10	0.397	0.437	0.477	0.517	0.557	0.597	0.637	0.677	0.718	0.758	0.798	10
20	0.798	0.838	0.879	0.919	0.960	1.000	1.041	1.081	1.122	1.162	1.203	20
30	1.203	1.244	1.285	1.325	1.366	1.407	1.448	1.489	1.529	1.570	1.611	30
40	1.611	1.652	1.693	1.734	1.776	1.817	1.858	1.899	1.940	1.981	2.022	40

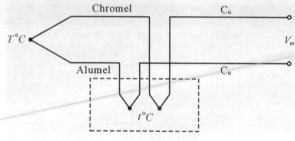

圖 3-23　K 型熱電偶參考接點

3. 總結

如圖 3-23 所示，將熱電偶與銅線相接的兩接點置於同一溫度(t℃)下，此二接點即稱為參考接點；而熱電偶本身之雙金屬的接點即為待測熱點。設此裝置的輸出電壓為 V_m，則待測溫度 T 的求法如下：

(1) 若參考接點 $t = 0$℃：

　① 由測得電壓 V_m 直接查表 3-4 可得 T

　② $T = f(V_m)$

(2) 若參考接點 $t \neq 0$℃：

　① 由表 3-5 中查得 t ℃時之修正電壓 V_C

　② 將測得電壓 V_m 加上修正電壓 V_C 後再查表 3-4 得 T

　③ $T = f(V_m + V_c)$

(3)　若 T 與 t 均未知，則 V_m 於表 3-4 中所對應的溫度代表 T 與 t 之差。基於此關係，若參考接點溫度(t ℃)已知，則雖無表 3-5 亦可進行參考接點在非 0℃ 下的溫度量測。

■ 3.3-4　熱電偶的組合

1. 熱電堆(Thermopile)

如圖 3-24，此組合方式稱為熱電堆。熱電堆的輸出電壓(V_m)為諸接點熱起電力的和，故可應用在兩端點溫度差很小的時候，或是需要大信號輸出的時候，亦可作溫度差(Differential Temperature)量測用。有兩點必須注意：

(1)　每一接合點間須絕緣。

(2)　雙金屬間形成的接點須為偶數，因如此一來與量度儀器兩端銅線相連者會是同一金屬(圖 3-24 中為 A 金屬)，則不必另考慮參考接點問題。以圖 3-24 中之($V_m \div 3$)查表 3-4 所得之值即為兩邊之溫度差($T_1 - T_2$)。

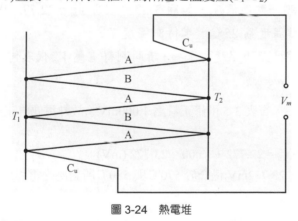

圖 3-24　熱電堆

2. 熱電偶並聯

n 個熱電偶並聯，如圖 3-25，此方式所量得的電壓 V_m 為諸接點產生熱起電力的向量和，($V_m \div n$)所代表的意義為諸待測點的平均溫度(T_A)。

$$\vec{V}_m = \vec{E}_1 + \vec{E}_2 + ... + \vec{E}_n \tag{3.14}$$

$$f\left(\frac{V_m}{n} + V_C\right) = T_A = \frac{T_1 + T_2 + ...T_n}{n} \tag{3.15}$$

3. 熱電偶若串聯使用，其所量得的溫度並無特別意義。

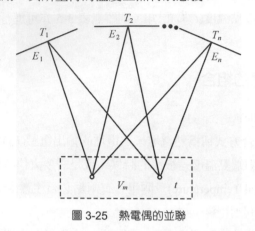

圖 3-25　熱電偶的並聯

例題 3.5

以 K 型熱電偶量測一熱源溫度，如圖 3-23，測得 $V_m = 22.772\text{mV}$，

1. 若已知參考接點溫度為 25℃，求待測溫度 T？

2. 若待測點及參考接點的溫度均未知，請問測得電壓 V_m 代表何意？請以本例題之數據驗證之。

解 1. 因為 $t = 25$℃，查表 3-5 得修正量為 1.000mV，故熱電偶真正產生的熱電動勢應為

$$V_T = V_m + V_c = 22.772 + 1.000 = 23.772\ (\text{mV})$$

再查表 3-4，23.772mV 係介於 570℃ 與 580℃ 所對應之電壓值的中間，故需使用內插法求其相對應之溫度：

$$\frac{24.050 - 23.772}{23.772 - 23.624} = \frac{580 - T}{T - 570} \Rightarrow T = 573.5℃$$

2. 若 T 與 t 均未知，則 V_m 代表 T 與 t 二者之溫度差所對應之熱起電力，本題中 $V_m = 22.772\text{mV}$ 經查表 3-4，相對應之溫度為 550℃。

而 $T - t = 573.5 - 25 = 548.5(℃) \approx 550(℃)$，故得證。

例題 3.6

已知三點的溫度分別為 20℃、−10℃、30℃，以並聯之 K 型熱電偶測其平均溫度，如圖 3-25。設 $t = 0℃$

求：1. V_m

　　2. 平均溫度 T_A

 1. 查表 3-4，三接點之熱電動勢分別 0.798mV，− 0.392mV，1.203mV

　　由(3.14)式

　　　　$V_m = 0.798 - 0.392 + 1.203 = 1.609 \text{(mV)}$

　　2. 以 $(1.609 \div 3) = 0.536 \text{(mV)}$ 查表 3-4，得

　　　　$T = 13.46℃$，與 $\left(\dfrac{20 - 10 + 30}{3}\right) = 13.33℃$ 非常接近。

■ 3.3-5　熱電式溫度感測器的特性

1. 自發型感測器，不需外加電源。
2. 量測範圍大，約在 − 200℃～+ 2000℃之間。
3. 輸出信號位準低，需放大電路及去雜訊處理。
4. 感測部體積小，可量測小物體或小面積之溫度。
5. 需處理參考接點問題。
6. 量測之準確度較低。

■ 3.3-6　討論

1. 信號放大及去雜訊的目的是為要提高信號的 S/N 比(Signal/Noise Ratio)。S/N 比係指：訊號振幅與雜訊振幅的比值，i.e. $\dfrac{S}{N} = \dfrac{V_{Signal}}{V_{Noise}}$ 。一放大器應能提高 S/N 比，也就是將信號放大、但將雜訊衰減；若同時放大訊號以及雜訊，是不能改善 S/N 比的。故可知應採用具差動放大功能之放大電路(如儀表放大器，Instrumentation Amplifier)，訊號應採差動輸入，而雜訊則為共模輸入。

2. 如何正確選用感測器？不同的場合當然有不同的考量。但是感測器的範圍(Range)和準確度(Accuracy)通常是非常重要的考慮因素。以溫度感測為例：因為 RTD 的準確度高、量測範圍可達 500℃(有特殊材質的 RTD 可達 670℃)、使用方法簡單、介面技術成熟，所以待測溫度在 500℃以下的一般情況會優先選用；但待測溫度在 500℃以上的高溫場合(何謂高溫？無標準的規範，但一般工業應用以 500℃為界線，500℃以上稱之為高溫)，因 RTD 無法適用，所以會採用準確度稍低、且需處理參考接點問題但可量測高溫的熱電偶。不過在特殊場合，例如量測油箱內的燃油溫度時，雖然待測溫度通常為室溫(低於 500℃)，但仍然必須採用熱電偶。因為 RTD 為調變型感測器，需要激勵電源。將一個電壓送入易燃易爆的油箱裡是危險的事，此時則須放棄 RTD 而採用自發型的熱電偶。

3. 由 3.3-3 節的介紹可知，使用熱電偶量測熱源溫度時，參考接點(Reference Junction)的溫度必須固定，如此修正電壓(V_c)才能是定值。但若一需量測高溫、而參考接點溫度又無法維持定值的場合(如高度變化非常快速之飛行中戰鬥機的發動機溫度，通常在 800℃以上)，該如何使用熱電偶？(習題 3-12)

3.4 溫度感測 IC

1. 感測原理

溫度感測 IC 乃利用半導體 PN 接面之負溫度特性，即溫度上升，障壁電壓(Barrier Voltage)下降、逆向漏電流變大且 β_{dc} 變大的特性來感測溫度。如圖 3-26，$I_B = \dfrac{V_{BB} - V_{BE}}{R_B}$，$I_C = \beta_{dc} I_B$，當溫度上升則 V_{BE} 下降(對矽質材料而言，每上升 1℃約下降 2.2mV)，I_B 變大、I_{CBO} 變大(相當於 V_{BB} 變大)、且 β_{dc} 變大，因而使 I_C 變大，故 I_C 與溫度成正比。

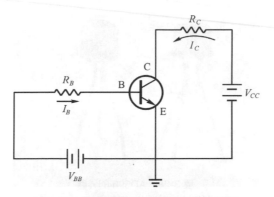

圖 3-26　電晶體電流與接面電壓的關係圖

　　若再配合電路設計，使輸出電流與溫度呈特定關係，則可製作出溫度感測 IC。此處介紹最常用的 AD590。其內部電路如圖 3-27 所示，而其外觀則如圖 3-28 所示。

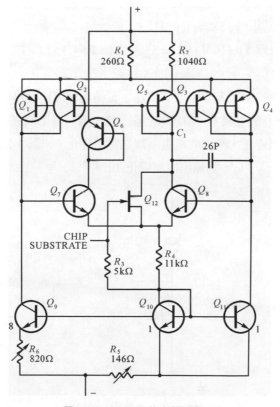

圖 3-27　AD590 的內部電路[2]

圖 3-28　AD590 的外觀

2. AD590 的特性

(1)　為電流輸出型溫度感測器。

(2)　工作電壓：＋4V～＋30V(此範圍內之任一值均可)。

(3)　靈敏度為 1μA/K，273μA@0℃(i.e.輸出電流之μA 數即為待測溫度之 K 數)。

(4)　感測溫度範圍：−55℃～＋150℃。

(5)　依其精度分為 I (±10℃)、J (±5℃)、K(±2.5℃)、L(±1℃)、M(±0.5℃)五級。

3. AD590 的使用

(1)　因為 AD590 為電流輸出型感測器，其輸出電流與溫度成正比。但是量測電流並不方便，故通常在 AD590 之輸出端串聯一個 1kΩ 的電阻，則可將 AD590 輸出之電流變化，轉換成電阻兩端之電壓變化，如圖 3-29 所示。此時溫度變化 1K 也就是 1℃，則輸出電壓變化 1mV。

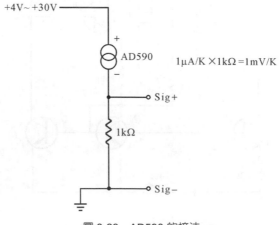

圖 3-29　AD590 的接法

(2) 由於電阻器本身均有一定範圍的誤差(即電阻器上第四色環所代表的數值,如±10%或±5%,皮膜電阻亦有±1%或更低),使得圖 3-29 的輸出特性可能不會剛好是 1mV/K,273mV@0℃。故需將 1kΩ 的電阻分成一個 950Ω 的固定電阻串聯一個 100Ω 的可變電阻,如圖 3-30,藉調整可變電阻將輸出信號正、負端間之總電阻調為剛好 1kΩ,以使圖 3-30 之輸出特性在期望值上。此校正手續可在量測範圍內任一溫度下進行。

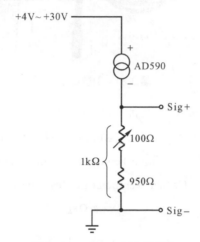

圖 3-30　AD590 之校正電路

(3) 由圖 3-28 中可看出 AD590 有三支接腳,但由圖 3-30 可知僅使用其中兩支接腳,即一支接電源,一支接電阻。未使用的第三支腳係為安裝時方便固定而設計,該接腳並未與 AD590 內部電路相連接。以三用電錶測試即可判知。

3.5　熱敏電阻(Thermistor)

1. Thermistor 一詞乃由 Thermo(熱)和 Resistor(電阻)組合而成,意指對熱敏感的電阻(Thermo-sensitive-Resistor)。其阻值隨溫度的變化而大幅變化。外觀如圖 3-31 所示。

2. 熱敏電阻之材質係由某些金屬(如錳、鎳、鈷、銅、鐵……等)的氧化物經燒結而成。

3. 體積小但阻值很大,且隨溫度變化的阻值變化率也很大。

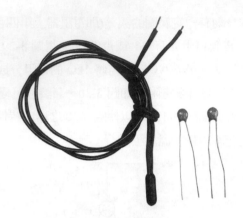

圖 3-31　熱敏電阻

4. 依其阻值隨溫度變化而變化的方向不同，可分成三種型式，各型式的測溫範圍如下：

(1) 負溫度係數型(NTC：Negative Temperature Coefficient)：−200℃～+ 950℃。

(2) 正溫度係數型(PTC：Positive Temperature Coefficient)：−100℃～+ 200℃。

(3) 臨界溫度型(CTR：Critical Temperature Resistor)：0℃～+ 150℃。

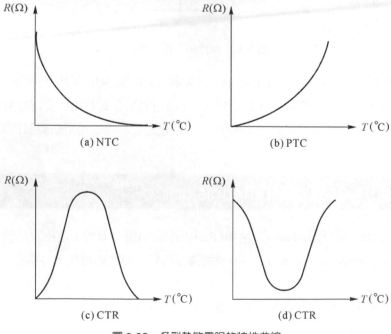

圖 3-32　各型熱敏電阻的特性曲線

若無特別指明，一般所謂熱敏電阻均指 NTC 型而言，其電阻對溫度之特性如下：

$$\alpha = \frac{1}{R} \times \frac{dR}{dT} = -\frac{B}{T^2} \tag{3.16}$$

$$R_T = R_0 e^{B\left(\frac{1}{T} - \frac{1}{T_0}\right)} \tag{3.17}$$

其中 α ：電阻之溫度係數(1/K)

　　R_T：T K 時之電阻值

　　R_0：T_0 K 時之電阻值

　　B ：熱敏電阻常數(與材料有關)

　　T ：熱敏電阻溫度(K)

　　T_0：參考溫度，通常為 298K(即 25℃)，亦可為其他溫度

5. 由(3.17)式可知熱敏電阻之阻值隨溫度呈指數函數變化，故若欲得到較佳之線性度，則須配合其他電路將其修正。通常有下列三種方式：

(1)　並列式：如圖 3-33(a)。

(2)　比率式：如圖 3-33(b)。

(3)　合成式：如圖 3-33(c)。

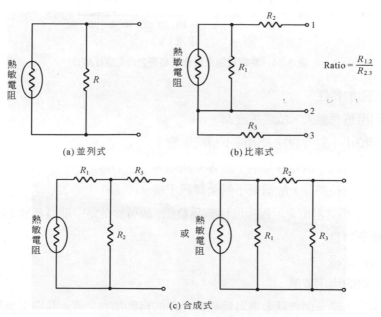

圖 3-33　熱敏電阻的線性修正電路[8]

經修正後的特性曲線如圖 3-34 所示。在低溫範圍(-10℃～+ 40℃)三者線性度差不多，但整體來說，以比率式較佳。

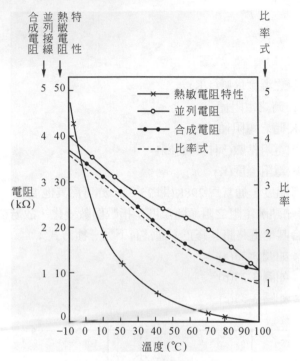

圖 3-34　熱敏電阻三種修正電路之線性度比較[8]

6. 熱敏電阻的特性

(1) 因溫度係數大，故靈敏度高。

(2) 體積小，對待測物或環境不構成影響。

(3) 因阻值大，故導線電阻不影響量測結果。

(4) 因輸出位準高，故信號不易受雜訊干擾。

(5) NTC 型之熱敏電阻因溫度係數為負值，故可於電路中補償其他電阻之正溫度係數特性。

(6) 價格低廉。

7. 熱敏電阻的應用實例

如圖 3-35，是一個以熱敏電阻為感測元件的自動加熱裝置。其中交流電源經橋式全波整流電路整成直流脈衝，再經 R_1 降壓後，由稽納二極體(ZD_1)截波成 20V 供

後級電路使用。熱敏電阻 R_T 置於受控區間中，若溫度低於設定溫度(由 R_2 設定)，則因 R_T 呈大阻值而使 Q_1 導通，C_1 充電至使 Q_2(UJT)導通後作動 TRIAC，則負載開始工作。反之若溫度已達設定值，則 R_T 呈小值，V_{B,Q_1} 為高電位，Q_1 截止並截止 Q_2，AC 電源正負交換時 TRIAC 截止，則電熱絲停止工作。如此可將受控區間之溫度控制在一定範圍內。家用開飲機的自動加熱裝置即為一應用例。

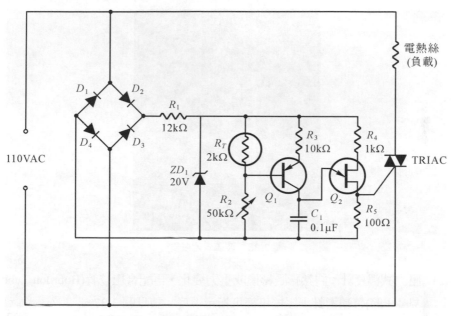

圖 3-35　熱敏電阻應用實例－電熱器的溫度控制

3.6　膨脹式溫度感測器

因大部分物質有隨溫度變化而熱脹冷縮之特性，故亦可以此特性來感測溫度。

1. 液體膨脹式

(1) 玻璃管溫度計：因溫度變化造成感測部液體之體積改變，經由玻璃管中之毛細管轉換為位移的變化，校正後即可直接指示溫度。市面上此類產品常見的解析度有 1℃ 及 0.5℃ 兩種。感測部的液體通常為水銀或酒精(酒精顏色為紅色，會較水銀溫度計容易讀取數據)，如圖 3-36 所示。

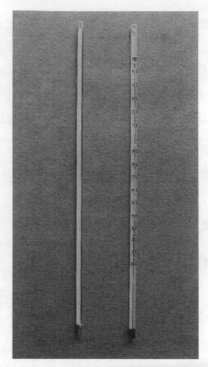

圖 3-36 玻璃管溫度計

(2) 壓力式溫度計：將熱膨脹轉換成壓力變化，再配合巴登管(Bourdon Tube，詳見 4.3 節)帶動指針，經校正後可指示溫度；請見圖 3-37。

圖 3-37 壓力式溫度計(附濕度計)

(3) 溫度開關

① 位移式：如圖 3-38，可作溫度控制系統(如傳統類比式家用冷氣機)之不連續多點式控制器(Bang-Bang Controller)兼感測器。

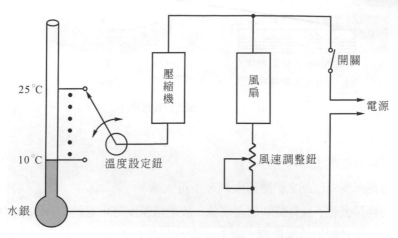

圖 3-38　家用冷氣機之溫度開關示意圖

② 壓力式：配合巴登管等機構，可製作成無段式溫度開關。在溫控系統中亦被視為 ON-OFF 式不連續型控制器，車用傳統類比式冷氣機多為此類。

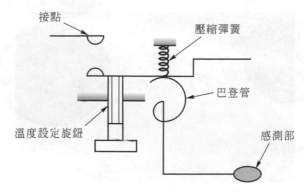

圖 3-39　壓力式無段溫度開關示意圖

2. 金屬式

將不同膨脹係數之雙金屬(Bimetal)接合，當溫度變化時，因不同的變形量使得雙金屬彎曲而達到接點開閉的效果，可作溫度開關之用。其應用甚廣，如火災報知器、車輛之閃光器(Flasher)、傳統電鍋、電熱水瓶、聖誕燈……等均是。請見圖3-40。

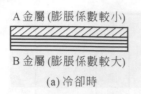 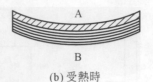

A 金屬 (膨脹係數較小)　　　　　　　　　A

B 金屬 (膨脹係數較大)　　　　　　　　　B

(a) 冷卻時　　　　　　　　　　　　(b) 受熱時

圖 3-40　雙金屬的作動原理

3. 其他特性

(1) 不需外加電源即可工作。

(2) 感測部與處理部之距離有限制，不可太遠。

(3) 感測精度差，且有時間延遲現象，故通常僅作防止過熱(Overheated)開關用，
而不作精確的溫度量測。圖 3-41 之火災報知器即為一例。

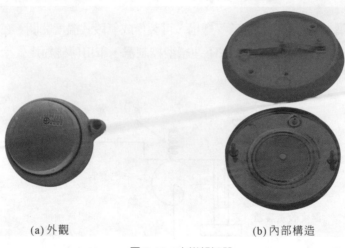

(a) 外觀　　　　　　　　　　　　(b) 內部構造

圖 3-41　火災報知器

3.7　振盪式溫度感測器

此類溫度感測器之原理，乃根據其感測部之振盪頻率與溫度間呈一定關係的特
性，進行量測。因其將溫度轉換為頻率，所以通常需要一處理頻率信號的電路，如圖
3-42(a)所示。

1. NQR 溫度計

   (1) 利用氯酸鉀($KClO_3$)結晶中 Cl 原子核之「核四重極共振(Nuclear Quadruple Resonance)」時其頻率與溫度間的關係進行量測，如圖 3-42(b)所示。

   (2) Range：90K～400K。

   (3) Accuracy：1/1000℃。

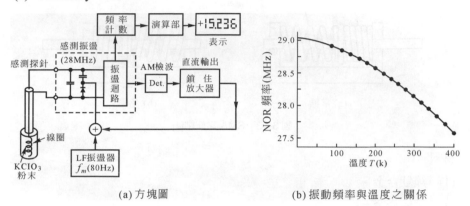

(a) 方塊圖　　　　　　　　　　　　(b) 振動頻率與溫度之關係

圖 3-42　NQR 溫度計[4]

2. 石英溫度感測器

   (1) 溫度變化其振盪頻率亦呈敏感變化。

   (2) Range：－80℃～＋250℃。

   (3) Accuracy：1/10～1/100℃，視石英切割之加工精度而定。

3. 表面聲波溫度感測器(Surface Acoustic Wave，SAW)

   感測原理與石英式相同，惟其波動藉物體表面傳遞能量，故因而得名。也因其能量只集中於物體表面，故反應速度較整體元件振動再藉封入之氣體傳導能量之石英式為快。

3.8　形狀記憶合金(Shape Memorized Alloy，SMA)

1. 原理

   合金之原子排列(金相)隨溫度而變化：

   (1) 某溫度以上 SMA 為母相－沃斯田相(Austenite)，強度大。

   (2) 低溫時則 SMA 呈 M 相－麻田散相(Martensite)，強度小。

2. 特性

(1) SMA 所在環境由低溫變至高溫而使合金之相位恢復時，會有大應力發生，藉此應力即可做工，如圖 3-43 所示。

(2) Range：−153℃～＋78℃，視材料而定。

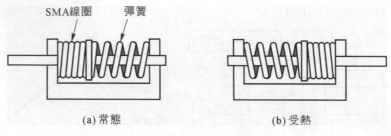

(a) 常態　　　　　　　　　　　　　　(b) 受熱

圖 3-43　SMA 之作動[4]

3. 材料

(1) 鎳鈦合金。

(2) 銅鎘合金。

(3) 銅鋁鎳合金。

4. 應用

(1) 消防灑水器之水源開關。

(2) 空氣調節器出風口之襟翼。

(3) 女用內衣。

 ## 3.9　非接觸性溫度量測

　　若遇下列三種情形之一，不能以感測器直接置於待測環境下測溫，則需以遙測法進行非接觸性量測：

1. 待測溫度太高(超過熱電偶的測溫上限，如熔化的鐵水、加熱爐管等)。

2. 無法直接接觸熱源(如太陽)。

3. 遙測熱源(如防盜器、人體偵測等)。

■ 3.9-1　光學高溫儀(或稱光高溫度計，Optical Pyrometer)

1. 量測原理：收集熱體的幅射能，以其呈現的顏色與參考光源比色，進而推斷其溫度。

2. 量測方法：使用「輝線消失法(Filament Disappearing)」，即比較熱體與標準燈(通常為波長 6500Å 之橘色單色燈)的亮度，當輝線消失時即表示兩者亮度相同。由調節標準燈亮度的刻度指示可知熱體的溫度(請見圖 3-44)。

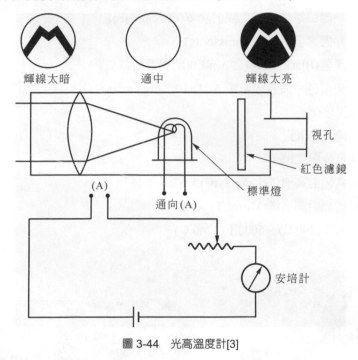

圖 3-44　光高溫度計[3]

3. 量測範圍
   (1) 一般為 1400°F(760℃)～5200°F(2870℃)。
   (2) 若加裝吸收濾光鏡(Absorbing Screen)可提高至 10000°F(5500℃)。
4. 其他特性
   (1) 僅作溫度指示，不作控制用。
   (2) 因以人眼觀察，故誤差較大。

■ 3.9-2　輻射高溫儀(Radiation Pyrometer)

1. 原理：量測熱體在某特定波長(Partial Radiation)內之幅射能量，再根據「史蒂芬－波茲曼定律(Stefan-Boltzmann's Law)」來推斷其溫度。

2. 史蒂芬－波茲曼定律：熱體的幅射功率與熱體及接收體溫度四次方的差值成正比

$$E = a\epsilon(T_h^4 - T_r^4) \tag{3.18}$$

其中 E ：熱體每單位面積之幅射功率(erg/cm² · sec)

　　 a ：熱體之發射係數(Emissivity)

　　　　黑體(Black Body)之 $a = 1.0$(請參考附錄二)

　　 ϵ ：史蒂芬－波茲曼常數 5.71×10^{-5} erg/cm² · sec · K⁴

Th：熱體溫度(K)

Tr：接收體溫度(K)

3. 依其結構可分為二種

   (1) 透鏡式幅射高溫儀(Lens Type)，如圖 3-45 所示。

   (2) 反射式幅射高溫儀(Mirror Type)。

4. Range：400°F(200℃)～5000°F(2760℃)。

(a) 正面　　　　　　　　　　　　　　(b) 背面

圖 3-45　輻射高溫儀

5. 若熱體與接收體間有煙霧或其他熱源，則量測結果需加以修正，或另加裝陶瓷瞭
   望管以隔絕干擾。

■ 3.9-3　紅外線高溫儀(Infrared Pyrometer)

1. 原理：利用焦電效應(Pyroelectric Effect)，當熱源之紅外線幅射能量作用於焦電材
   料上時，材料的溫度上升並於其兩端產生電壓。將此電壓加在負載電阻上，則會有
   電流通過此負載。此電流稱為「焦電流(Pyrocurrent)」，其大小即代表了熱體溫度。
2. 因不需以肉眼比色，其準確度較光學式高。
3. 利用焦電特性另可應用於人體偵測、燈光開關、防盜器等方面。

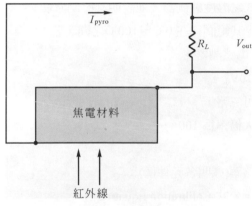

圖 3-46　焦點特性

圖 3-47　紅外線高溫儀[12]

習題

1. 請寫出℃、℉、K 三種溫標的定義及其間換算的公式。

2. 何謂 RTD？其測溫原理為何？請列舉其特性。

3. 何謂惠斯頓電橋？以 RTD 為測溫元件時，此電路之功用為何？又如何決定其元件值？

4. 何謂西門三線式 RTD？其功能為何？

5. PT-100 所指何意？

6. 電橋電路中之 R-Cal 所指為何？其值如何決定？

7. 舉出 4 種不同型式之溫度感測器，並說明其感測原理。

8. 一熱源溫度待測，其範圍約在 0℃～100℃ 之間，若

    (1) 選用 PT-100 為感測器，

    (2) 激勵電源為 $10V_{dc}$，

    (3) 導線電阻不可忽略，

    (4) 放大器之放大倍率為 100。

    求：

    (1) 感測裝置線路圖(標明各元件值)；

    (2) 該裝置之校正公式(Calibration Equation)；

    (3) 最大誤差為多少% FS？

9. 何謂插入效應？其發生的原因為何？如何消除？

10. 請說明熱電偶測溫的原理。

11. 何謂熱電偶的參考接點？其影響為何？

12. 請設計一量測方法，在熱電偶的參考接點溫度無法固定時(Random)，如何使用熱電偶測溫？

13. 請比較 RTD 與 TC 之特性及其優缺點。

14. 請繪出 AD590 之接線圖並求其 Calibration Equation：(1)℃/mV，(2)℉/mV。

15. 熱敏電阻有哪些類型？其非線性度如何修正？

16. 請以熱敏電阻為感測器，設計一溫度控制之應用實例。

17. 溫度開關有哪些類型？請各舉一實例說明。

18. 請說明雙金屬的作動原理。

19. 何謂非接觸性溫度量測？有哪些方法？請說明。

20. 何謂焦電特性？有何用處？請舉例說明。

21. 以 K 型熱電偶測溫，裝置如圖所示。設 $V_m = 326.6mV$，求 T 為華氏幾度(℉)？

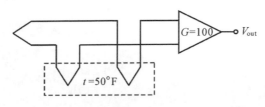

壓力感測

4.1 壓力(Pressure)

1. 定義：單位面積上所承受的力。

$$P(壓力) = \frac{F(力)}{A(受力面積)} \qquad (4.1)$$

或稱「壓力強度(Pressure Intensity)」。

2. 單位

 (1) Pa(帕斯卡，Pascal) $= \dfrac{N(牛頓)}{m^2(平方公尺)}$

 (2) kPa(仟帕) $= 10^3 Pa$

 (3) MPa(百萬帕) $= 10^6 Pa$

 (4) bar(巴) $= 100kPa = 10^5 Pa = 14.5psi$

 【Note：英文字首「baro-」指該字與重量、壓力有關，例如：barometer(氣壓計)。】

 (5) mbar(毫巴，百帕) $= 10^{-3}bar = 10^2 Pa$

(6) atm(大氣壓，Atmosphere) = 760mm-Hg = 1033.6cm-H_2O = 14.7psi = 1.013bar

(7) psi(磅重／平方英吋，Pound Per Square Inch) = lbw/in^2 (1 lb = 0.45359kg)

(8) Torr(托爾，Torricelli) = 1mm-Hg

(9) In.W(吋水，Inch-Water) = 1.87Torr

(10) Micron(邁庫龍) = μm-Hg = 10^{-6}m-Hg = 10^{-3}mm-Hg = 10^{-3}Torr

3. 分類

(1) 靜壓(Static Pressure，P_s)：流體僅受重力而靜止時，其向四面八方均勻施力所產生之壓力，如圖 4-1(a)。

(2) 動壓(Dynamic Pressure，P_d)：流體因有速度產生動能，此動能作用於與流體速度垂直面上之壓力。

(3) 總壓(Total Pressure，P_T)：作用於某面積上之靜壓與動壓的總和，如圖 4-1(b)。

① 流體流速為零時，$P_T = P_s$

② 流體具有流速時，$P_T = P_s + P_d$

【Note：可見動壓 P_d 並不單獨存在。】

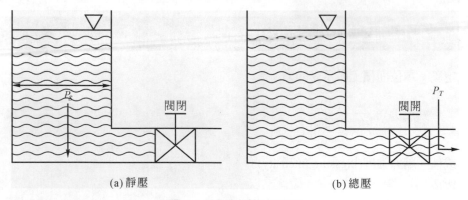

(a) 靜壓　　　　　　　　　　　(b) 總壓

圖 4-1　流體之靜壓與總壓

4. 表示法

(1) 絕對壓力(Absolute Pressure)：以真空零壓力為基準零點。英制常表示為 psia。

(2) 計示壓力(Gage Pressure)：以一標準大氣壓力(14.7psi)為基準零點，或稱錶壓，計壓。英制單位為 psig。

(3) 差壓(Differential Pressure)：指兩壓力源間之壓力差。英制以 psid 表示。

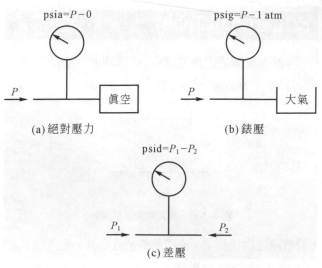

圖 4-2　壓力的三種表示法

5. 密度與比重

(1) 密度(Density)

    a. 質量密度(Mass Density)：$D = \dfrac{質量(Mass,\ M)}{體積(Volume,\ V)}$

    b. 重量密度(Weight Density)：$\rho = \dfrac{重量(Weight,\ W)}{體積(Volume,\ V)}$

    c. $\rho = D \times g$(重力加速度)

(2) 比重(Specific Gravity)：$SG = \dfrac{待測物的D}{水的D}$，例：汞(Hg)的比重：

$$SG_{Hg} = \frac{13.6\text{g/cm}^3}{1\text{g/cm}^3} = 13.6$$

    a. 比重可直接解讀為：「待測物與水之重量的比」，也就是：$\dfrac{待測物的\rho}{水的\rho}$，

    但是若在無重力狀態下則無從比較，故以兩者之質量的比較合宜。

    b. 比重也稱相對密度，固體和液體的比重是該物質（完全密實狀態）的密度與在標準大氣壓下、3.98℃時純 H_2O 的密度（999.972 kg/m³）的比值。氣體的比重是指該氣體的密度與標準狀況下空氣密度的比值。液體或固體的比重說明了它們在水中是下沉還是漂浮。比重是無量綱量，即比重是無單位的值，一般情形下隨溫度、壓力而變。

4.2　皮托管(Pitot Tube)

如圖 4-3(a)，一容器內流體之重量密度為 ρ，則液面以下深度為 Z 之點 A 處壓力 P 為：$P_A = \rho \times Z$ (因次分析：$\rho(\text{kgw/m}^3) \times Z(m) = P_A(\text{kgw/m}^2)$)

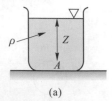

(a)

圖 4-3(a)　壓力與深度的關係

如圖 4-3(b)，設管路之內徑為 Z，流體重量密度為 ρ，流速為 v 之管路中，置入一測試管，則測試管內將充滿流體，且因流速 v 之關係，液位高度會不斷上升，直到達到力平衡時為止。當測試管內之流體靜止時，設高出管路管徑部分之高度為 h，則

$$P_1 = \rho Z = P_s \,(v \text{ 之垂直方向分量為零})$$
$$P_2 = \rho(Z + h) = \rho Z + \rho h = P_s + P_d = P_T$$
$$\Rightarrow P_d = P_T - P_s = \rho h$$
$$\Rightarrow h = \frac{P_T - P_s}{\rho} \tag{4.2}$$

此 h 即稱為速度水頭(Velocity Head)，乃因動壓而形成。而此測試管即稱為皮托管。

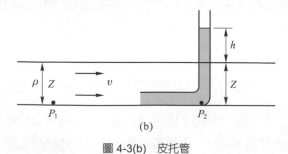

(b)

圖 4-3(b)　皮托管

4.3　位移式壓力轉換器

　　此類壓力轉換器(Pressure Transducer)乃將壓力依一定的關係轉換成位移，待量測位移後，再依此一定之關係反推知壓力值。常用的裝置分別介紹說明於後。

1. 巴登管(Bourdon Tube)

　　如圖 4-4，其特性如下：

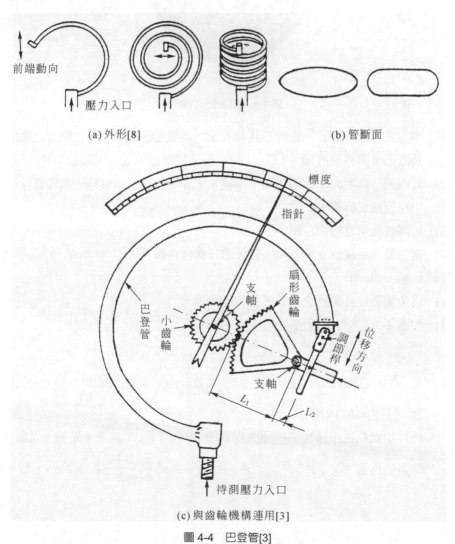

(a) 外形[8]　　　　　　　　　　　　　　(b) 管斷面

(c) 與齒輪機構連用[3]

圖 4-4　巴登管[3]

(d) 氣壓計

圖 4-4　巴登管[3] (續)

(1) 中空之彈性金屬管。管的形狀有 C 形、螺旋形、螺管形等，而管之斷面又有長圓形及橢圓形等類。

(2) 管內通以具壓力之流體，則半徑擴大使管子前端產生位移，再經齒輪機構將位移變成偏轉量。

(3) 經調校後可直接指示壓力。

(4) 常用量測範圍為 0～50psi，若使用特殊材料最高可達 8000psi。

2. 伸縮風箱(Bellow)

(1) 為金屬製成具彈性之波浪形壓力檢測器。

(2) 如圖 4-5，其有效面積

$$A = \frac{\pi}{4}\left(\frac{D+d}{2}\right)^2$$

D：外徑，d：內徑

將伸縮風箱視作彈簧，根據虎克定律：$F = k \times x$，其中 k 是彈簧常數、x 是彈簧位移量。又 $\because P = \frac{F}{A}$ $\therefore F = P \times A = P \times \left[\frac{\pi}{4}\left(\frac{D+d}{2}\right)^2\right] = k \times x$。故伸縮風

箱的校正公式爲：$P = \dfrac{k}{\dfrac{\pi}{4}\left(\dfrac{D+d}{2}\right)^2} \times x$，其中 P 爲 EU、x 爲 MU、$\dfrac{k}{\dfrac{\pi}{4}\left(\dfrac{D+d}{2}\right)^2}$

即是斜率、截距爲 0。

(3)　Range：0～75psi。

(4)　須防止過壓發生，以免產生永久變形。

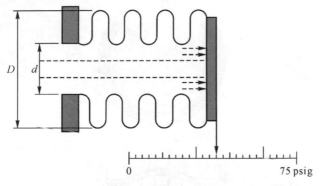

圖 4-5　伸縮風箱

圖 4-6　伸縮管式胎壓計

3. 隔膜(Diaphragm)

(1) 材質有金屬、橡膠、皮革等類。

(2) 因位移量較小，較適合低壓量測。如圖 4-7 所示。

(3) Range：100psig 以下。

(4) 由隔膜兩邊輸入壓力，即可作差壓感測器(圖 4-8)。

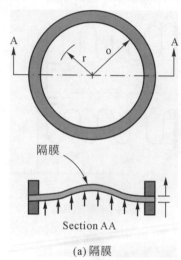

(a) 隔膜

(b) 中間突起式壓力感測元件

圖 4-7　隔膜式壓力感測元件[23]

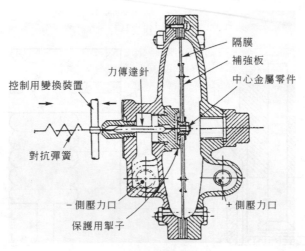

隔膜

補強板

中心金屬零件

力傳達針

控制用變換裝置

對抗彈簧

－側壓力口

＋側壓力口

保護用揩子

圖 4-8　隔膜式差壓感測器[8]

 4.4　將位移轉換成電信號的裝置

前述壓力換能器均可將壓力轉換成位移量，然位移量較不易傳輸，且應用起來較不方便，故通常會再配合其他裝置，亦即位移感測裝置，將位移量轉換成電信號。

1. 電容

(1)　$C = K\dfrac{A}{d}$

　　　C：電容量

　　　K：介電常數

　　　A：上下極板間正投影面積

　　　d：上下極板距離

(2)　如圖 4-9，位移式壓力感測器將壓力變成位移輸出，造成 d 值改變，以致於 C 值改變，再配合其他電路可得下列形態之輸出信號：

①　電壓：電容電橋，如圖 4-10，電容式麥克風即為一例。電容阻抗 $X_C = \dfrac{1}{2\pi f C}$ 。

②　頻率：振盪電路，振盪頻率 $f_r = \dfrac{1}{2\pi\sqrt{LC}}$ 。

(3)　Range：0～100psi。

(4)　Frequency Response 佳，但對溫度敏感。

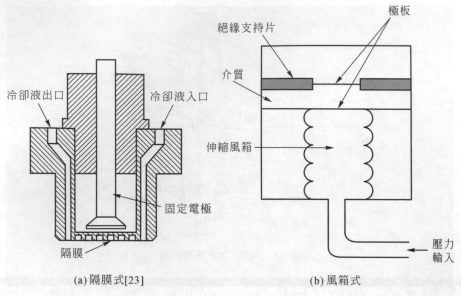

圖 4-9　電容式位移壓力感測器

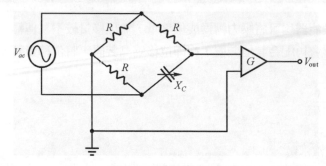

圖 4-10　電容電橋電路

2.　線性差動變壓器(Linear Variable Differential Transformer，LVDT)

(1)　如圖 4-11，位移變化經 LVDT 後變成電壓變化輸出。即壓力→位移→電壓。
(LVDT 在本書第六章中另有詳述)

(2)　Sensitivity 佳，但 Frequency Response 差(因鐵心質量之故)。

(3)　Range：0～50psi。

3.　電位計(Potentiometer)

(1)　如圖 4-12，位移式壓力感測器輸出之位移造成電位計之滑帚於電阻器上移
動，因而取出不同電壓。

(2) 壓力→位移→阻值改變→電壓改變(電位計在本書第六章中亦另有詳述)。

(3) 常用電阻：1kΩ，2kΩ，5kΩ。

(4) Range：0～5000psi。

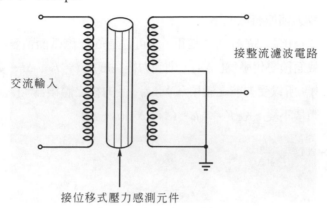

圖 4-11　線性差動變壓器

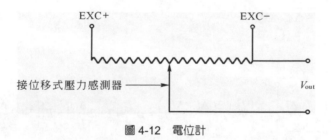

圖 4-12　電位計

4.5　應變計(Strain Gage)

1. 應變計為一細長之電阻絲，將其附著於受力元件上，當元件受力(應力)而產生形變(應變)時，應變計因亦產生形變(拉伸或壓縮)而使得阻值改變(拉伸時阻值增加、壓縮時阻值減少)。經由阻值的變化可推算得該元件之受力。一材料的電阻值可由下式決定：

$$R_0 = \rho \frac{l_0}{A_0}$$

R_0 ：受力前原有阻值

l_0 ：受力前原有長度

ρ ：電阻材料係數

A_0 ：受力前原有截面積

若受力後長度變化為 Δl（Δl 可以是正、也可以是負），因截面積變化與長度變化始終反向，故截面積變化應為 $(-\Delta A)$，則受力後長度為 $l = l_0 + \Delta l$，受力後之截面積為：$(A_0 - \Delta A)$。所以受力前之體積為：$A_0 l_0$、受力後之體積為：$(A_0 - \Delta A)(l_0 + \Delta l)$。然受力前後體積不變，故 $V = A_0 l_0 = (A_0 - \Delta A)(l_0 + \Delta l)$

$$\Rightarrow A_0 - \Delta A = \frac{A_0 l_0}{l_0 + \Delta l} \tag{4.3}$$

受力後阻值

$$R = \rho \frac{l_0 + \Delta l}{A_0 - \Delta A}$$

由(4.3)式，

$$R = \rho \left(\frac{l_0 + \Delta l}{\dfrac{A_0 l_0}{l_0 + \Delta l}} \right) = \rho \left(\frac{l_0^2 + 2l_0 \Delta l + \Delta l^2}{A_0 l_0} \right) \cong \rho \frac{l_0}{A_0} \left(1 + 2\frac{\Delta l}{l_0} \right) = R_0 \left(1 + 2\frac{\Delta l}{l_0} \right)$$

受力前後的阻值變化

$$\Delta R = R - R_0 \cong 2R_0 \frac{\Delta l}{l_0} \tag{4.4}$$

例題 4.1

當一條阻值為 350Ω 的金屬線發生 $1000\mu\text{m/m}$ 之應變時，其阻值變化為何？

解 由(4.4)式可知

$$\Delta R \cong 2R_0 \frac{\Delta l}{l_0} = 2 \times 350 \times (1000\mu) = 0.7(\Omega)$$

2. 爲增加其靈敏度，常將其來回彎曲。如圖 4-13 所示。

(a) 細長電阻絲　　　　　　(b) 來回彎曲

圖 4-13　應變計

3. 應變計之選用、附著表面之清理(砂光、溶劑清洗)、黏著劑之選用、黏著方式等均爲相當專業之技術，必須執行妥當，才能使得「其厚度爲零，受力面之形變即爲應變計形變」之假設成立，而不致產生誤差。

4. 應變計依其用途不同、材質不同、形狀不同及依附之基材不同可分成許多類型，如圖 4-14 所示。

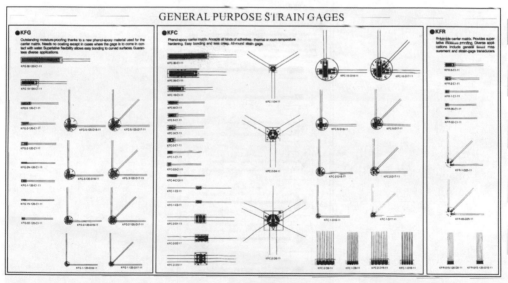

(a) 一般用途應變計

圖 4-14　各型應變計(本圖取材自日本 KYOWA 公司之型錄)

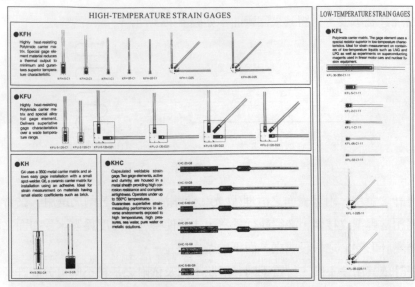

(b) 高溫及低溫用應變計

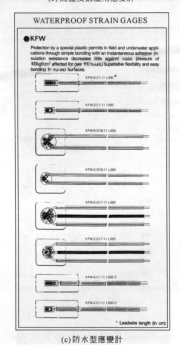

(c) 防水型應變計

圖 4-14　各型應變計(本圖取材自日本 KYOWA 公司之型錄)(續)

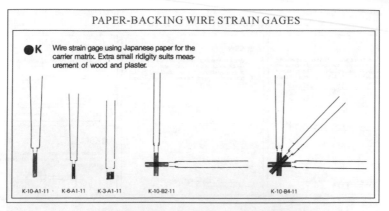

(d) 紙背型應變計 (適用於木材、石膏、灰泥等)

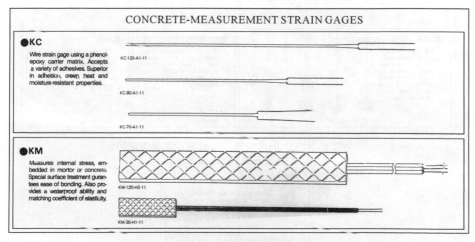

(e) 水泥結構用應變計

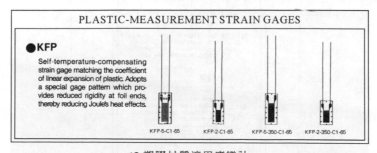

(f) 塑膠材質適用應變計

圖 4-14　各型應變計 (本圖取材自日本 KYOWA 公司之型錄)(續)

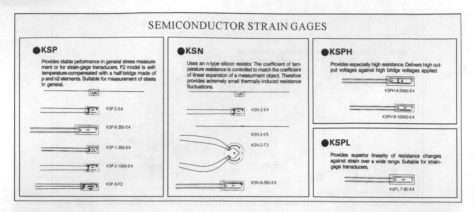

(g) 半導體應變計

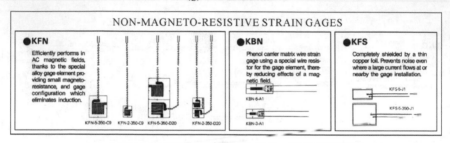

(h) 逆磁性應變計(由特殊合金製成，不受磁場影響)

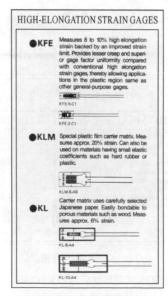

(i) 高延展性應變計

圖 4-14　各型應變計(本圖取材自日本 KYOWA 公司之型錄)(續)

5. 應變計因子(Gage Factor，GF)

$$GF = \frac{\Delta R / R_0}{\Delta l / l_0} \qquad (4.5)$$

應變計因子定義為：單位應變所造成的單位阻值變化。亦即該應變計之靈敏度。

金屬(Metal)應變計 GF $\cong$ 2，

合金(Alloy)應變計 GF $\cong$ 10，

碳纖(Carbon)應變計 GF $\cong$ 10，

半導體(Semiconductor)應變計 GF 可達 100 以上。

6. 溫度效應(Temperature Effect)

由 3.1 式可知，某些物質之阻值隨溫度變化呈一定關係之變化，而應變計之阻值當然也會隨溫度而變化。通常應變計之阻值變化受溫度影響的程度較受應變影響為大。

例題 4.2

一應變計之阻值為 350Ω，其材質之電阻溫度係數為 0.004/℃，求溫度變化 1℃下該應變計之阻值變化？

解 $R_t = R_0(1 + \alpha t)$

$R_{t+\Delta t} - R_t = R_0[1 + \alpha(t + \Delta t)] - R_0(1 + \alpha t)$

$\Rightarrow \Delta r = R_0 \alpha \Delta t = 350 \times 0.004 \times 1 = 1.4(\Omega)$

【Note：為了區分造成阻值變化的原因，本書以 ΔR 表示應變計因受應變而產生的阻值變化；而因溫度變化所引起的阻值變化則以 Δr 表示。】

由例題 4-1 及 4-2 明顯可知，使用應變計必須考慮溫度效應，否則其因應變而產生之阻值變化將被溫度效應所遮蓋而造成誤差。一般皆以「虛擬(Dummy)應變計」補償溫度效應，將在下節討論。

7. 信號處理(Signal Conditioning)

(1) 基本惠斯頓電橋

如圖 4-15，以應變計取代電橋中之一臂，其他三臂則為與 SG 阻值相同之電阻。在當 SG 受力後，因變形造成阻值改變(ΔR)，故電橋有電壓輸出。

$$\text{Sig} = V_{\text{out}} = \left[\frac{R_2}{R_1 + R_2} - \frac{R_3}{(\text{SG} + \Delta R) + R_3} \right] \times \text{EXC} \tag{4.6}$$

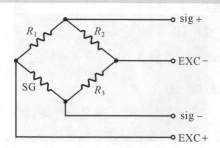

圖 4-15　基本惠斯頓電橋

(2) 以 Dummy SG 作溫度補償

因 SG 受溫度影響而產生的阻值改變可能較受形變而生之阻值變化還大，故必須加以補償。如圖 4-16，以一與原來置於電橋 R_4 位置之 SG 完全相同的另一 SG 替代電橋的 R_1，且於實際安裝時，將兩者放在相鄰處，則兩者受溫度影響相同，其阻值變化(Δr)可相互抵消。因替代電橋 R_1 的 SG 係為補償溫度效應之用，故稱之為「Dummy SG」；而置於電橋 R_4 位置之 SG 則稱為「Active SG」。另 Dummy SG 的安裝方向需為受力不靈敏方向，而真正測量受力的 Active SG 則需為受力靈敏方向，如此才不致使 Dummy SG 亦隨受力而變形，導致輸出始終為零。所以圖 4-16 的輸出為：

$$V_{\text{out}} = \left[\frac{R_2}{(\text{SG} + \Delta r) + R_2} - \frac{R_3}{(\text{SG} + \Delta r + \Delta R) + R_3} \right] \times \text{EXC} \tag{4.7}$$

Δr：溫度變化造成之阻值變化

ΔR：應變造成之阻值變化

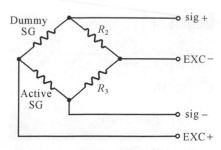

圖 4-16　以虛擬應變計作溫度補償之電橋電路

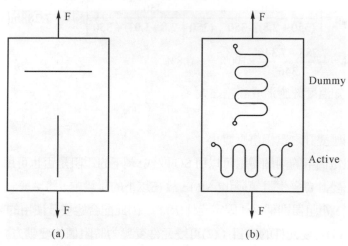

(a)　　　　　　　　　(b)

圖 4-17　Dummy 及 Active SG 之安裝位置與方向

例題 4.3

如圖 4-15，EXC = 10V，$R_1 = R_2 = R_3 = 350\Omega$，設 SG 受力前之阻值為 350Ω，GF = 2.03，$\alpha = 0.004/℃$。若施以 $1450\mu m/m$ 之應變，且環境發生 $2℃$ 之溫度變化，請比較無溫度補償(如圖 4-15)與有溫度補償(如圖 4-16)之誤差百分比。

解　由(4.5)式，

$$\Delta R = GF \times Strain \times R_0 = 2.03 \times 1450\mu \times 350 = 1.03(\Omega)$$

由例 4-2，

$$\Delta r = R_0 \times \alpha \times \Delta t = 350 \times 0.004 \times 2 = 2.8(\Omega)$$

1. 由應變造成的輸出電壓，由 4.6 式

$$V_{out1} = \left[\frac{350}{350+350} - \frac{350}{(350+1.03)+350} \right] \times 10 = 7.346m(V)$$

2. 若有溫差但無溫度補償

$$V_{out2} = \left[\frac{350}{350+350} - \frac{350}{(350+2.8+1.03)+350} \right] \times 10 = 27.208m(V)$$

V_{out1} 與 V_{out2} 之誤差百分比

$$\varepsilon\% = \frac{27.208-7.346}{7.346} \times 100\% = 270\%$$

3. 有溫差且有溫度補償，由(4.7)式

$$V_{out3} = \left[\frac{350}{(350+2.8)+350} - \frac{350}{(350+2.8+1.03)+350} \right] \times 10 = 7.288m(V)$$

$$\varepsilon\% = \frac{7.288-7.346}{7.346} \times 100\% = -0.8\%$$

由此例可知溫度效應造成誤差之大。

(3) 多個應變計之電橋電壓變化

既然電橋中的兩個電阻可以用 SG 取代，剩下的電阻是否也可用 SG 取代呢？因應變計會發生阻值變化(ΔR)，故在以下的討論中，將應變計稱作「可變元件」，電阻器則稱爲「固定元件(R)」。因此配合應變計使用的電橋有三個變數：(1)可變元件的數目；(2)可變元件受應力時阻值的變動方向(指可變原件間的阻值變化方向相同還是相反。例如在一樑的上下各黏貼一枚應變計，則該樑受向上的 Bending Moment 時，在上的應變計因被壓縮阻值減少、在下的應變計則因被拉伸而阻值增加。反之，若該樑受向下的 Bending Moment 時，在上的應變計阻值增加、在下的應變計阻值減少。故該二應變計阻值變動的方向始終相反。但若這兩枚應變計貼在樑的同一面，則阻值變動的方向始終相同)；(3)可變元件在電橋中的位置。由此三個變數，可排列出下列五種情形：

① 一個可變元件(圖 4-18)：

$$V_{O1} = \left[\frac{R}{R+R} - \frac{R}{(R+\Delta R)+R} \right] \times \mathrm{EXC} = \left(\frac{1}{2} - \frac{R}{2R+\Delta R} \right) \times \mathrm{EXC}$$

$$= \frac{\Delta R}{4R+2\Delta R} \times \mathrm{EXC}$$

$$\cong \frac{1}{4}\frac{\Delta R}{R} \times \mathrm{EXC} \; (\because 2\Delta R \ll 4R)$$

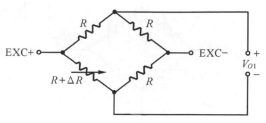

圖 4-18　一個可變元件之電橋輸出

② 二個可變元件、在 R_2 與 R_4 的位置、同向變動(圖 4-19)：

$$V_{O2} = \left[\frac{R+\Delta R}{R+(R+\Delta R)} - \frac{R}{(R+\Delta R)+R} \right] \times \mathrm{EXC} = \frac{\Delta R}{2R+\Delta R} \times \mathrm{EXC}$$

$$\cong \frac{1}{2}\frac{\Delta R}{R} \times \mathrm{EXC} = 2V_{O1} \; (\because \Delta R \ll 2R)$$

(請注意兩應變計之安裝位置)

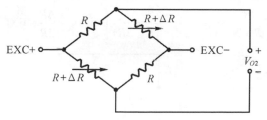

圖 4-19　二個可變元件(同向變動)之電橋輸出

③ 二個可變元件、在 R_1 與 R_4 的位置、反向變動(圖 4-20)：

$$V_{O3} = \left[\frac{R}{(R-\Delta R)+R} - \frac{R}{(R+\Delta R)+R} \right] \times EXC = \frac{2R\Delta R}{4R^2 - \Delta R^2} \times EXC$$

$$\cong \frac{1}{2}\frac{\Delta R}{R} \times EXC = 2V_{O1} \; (\because \Delta R^2 \ll 4R^2)$$

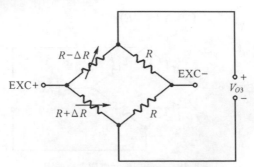

圖 4-20　二個可變元件(反向變動)之電橋輸出(近似值)

【Note：例題 4-3 中之有溫度補償架構(該題之 V_{out3})，亦為有二可變元件且位於電橋之 R_1 與 R_4 之位置，但其中位於電橋之 R_1 的 Strain gage 僅作溫度補償，並不受力，故其輸出應與一個可變元件架構之輸出(V_{O1}) 接近。】

④ 二個可變元件、在 R_3 與 R_4 的位置、反向變動(圖 4-21)

$$V_{O4} = \left[\frac{R}{R+R} - \frac{R-\Delta R}{(R+\Delta R)+(R-\Delta R)} \right] \times EXC = \frac{\Delta R}{2R} \times EXC = 2V_{O1}$$

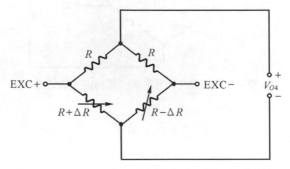

圖 4-21　二個可變元件(反向變動)之電橋輸出(準確值)

⑤　四個可變元件、同向變動放在對面的位置(圖 4-22)

$$V_{O5} = \left[\frac{R+\Delta R}{(R-\Delta R)+(R+\Delta R)} - \frac{R-\Delta R}{(R+\Delta R)+(R-\Delta R)} \right] \times \text{EXC}$$

$$= \frac{\Delta R}{R} \times \text{EXC} = 4V_{O1}$$

$$\because \text{GF} = \frac{\dfrac{\Delta R}{R}}{\dfrac{\Delta l}{l_0}} = \frac{\dfrac{\Delta R}{R}}{\varepsilon} \Rightarrow \frac{\Delta R}{R} = \text{GF} \times \varepsilon \text{，所以} V_{O5} = \frac{\Delta R}{R} \times \text{EXC} = \text{GF} \times \varepsilon \times \text{EXC}$$

(請注意四個 SG 之相關位置)

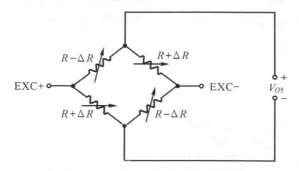

圖 4-22　四個可變元件之電橋輸出

(4)　由上述 5 種情況的討論可得以下結論

①　V_{O1} 因只有一枚應變計，無法補償溫度效應故不實用。此處將其視為基本型作比較用。

②　V_{O2} 為 V_{O1} 的兩倍，但是一近似值，且因中括弧內會受溫度影響的部分前後兩項間不對稱，故不能補償溫度效應。

③　V_{O3} 為 V_{O1} 的兩倍，但是一近似值，然因中括弧內會受溫度影響的部分前後兩項間對稱，故可以補償溫度效應。

④　V_{O4} 為 V_{O1} 的兩倍，是一準確值，但是中括弧內會受溫度影響的部分前後兩項間不對稱，故不能補償溫度效應。

⑤　V_{O5} 為 V_{O1} 的四倍，且是一準確值，又因中括弧內會受溫度影響的部分前後兩項間對稱，故可以補償溫度效應。所以一般使用應變計時多採用此架構。

8. 測得電壓(V_{om})與應變(ε)間之關係

如圖 4-23(即前述圖 4-20 的架構)，以 Z、Z_1、Z_2 作爲零點調整(Zero-Adjusting)之用，放大倍率爲 G，則

$$V_{om} = V_o \times G = \left[\frac{1}{2} \left(\frac{\Delta R}{R} \right) \times \text{EXC} \right] \times G$$

而　　$\text{GF} = \dfrac{\Delta R / R}{\varepsilon} \Rightarrow V_{om} = \dfrac{1}{2} \times \text{GF} \times \varepsilon \times \text{EXC} \times G$

$$\varepsilon = \frac{\Delta l}{l_0} = \frac{2}{\text{GF} \times \text{EXC} \times G} \times V_{om} \tag{4.8}$$

(4.8)式即爲該裝置(圖 4-23)的校正公式，其中 EU 是應變(ε)，MU 是測得電壓(V_{om})，$\dfrac{2}{\text{GF} \times \text{EXC} \times G}$ 爲斜率，截距爲 0。

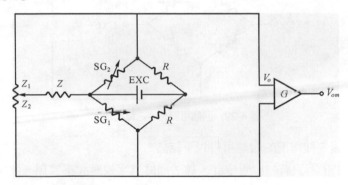

圖 4-23　應變計歸零及放大之電橋電路

【Note：以應變計量測結構的負載(Load Testing)時，因電橋的輸出電壓通常很小，所以通常要將放大器的放大倍率設得很高(約數千至數萬)。而結構因殘留應力等因素，尙未加載前放大器端即有電壓輸出，故執行負載試驗前必須先進行零點調整。】

9. 測得電壓(V_{om})與受力(P)間之關係

若於懸臂樑上下兩側各貼一枚應變計，當其受力 P 後兩者的阻值變化呈反向變動，配合材料力學的公式，可求得測得電壓與受力間之關係。如圖 4-24 所示。

$$\varepsilon = \frac{6PL}{Ebh^2} \qquad\qquad E：\text{Young's Module}$$

$$\Rightarrow \frac{\Delta R}{R} = \text{GF} \times \varepsilon = \text{GF} \times \frac{6PL}{Ebh^2}$$

$$\Rightarrow V_{om} = \frac{1}{2} \times \text{GF} \times \varepsilon \times \text{EXC} \times G = \frac{1}{2} \times \text{GF} \times \frac{6PL}{Ebh^2} \times \text{EXC} \times G$$

$$\Rightarrow P = \frac{Ebh^2}{3L \times \text{GF} \times \text{EXC} \times G} \times V_{om} \tag{4.9}$$

(4.9)式即為該裝置(圖 4-24)的校正公式，其中 EU 是應力(P)，MU 是測得電壓(V_{om})，$\dfrac{Ebh^2}{3L \times \text{GF} \times \text{EXC} \times G}$ 為斜率，截距為 0。

(a) 懸臂樑　　　　　　　　　　　(b) 樑

圖 4-24　以應變計量測懸臂樑之應變及受力

(a) 外觀　　　　　　　　　(b) 接腳

圖 4-25　應變計式壓力感測器

4.6 負荷計(Load Cell)

　　由前節討論可知，以 SG 配合材料力學的觀念可測量材料的受力，然由於 SG 的
黏貼不是非常方便的事，若受力材料經常變換，則需經常黏貼 SG 勢必非常麻煩。

　　故設計一受力裝置，使其在小應力下有大應變產生(意即對受力敏感)，將 SG 黏貼
於此受力面上，即可在固定的受力與應變關係下進行受力量測。此受力裝置即稱負荷
計。圖 4-26 即為負荷計之一例。

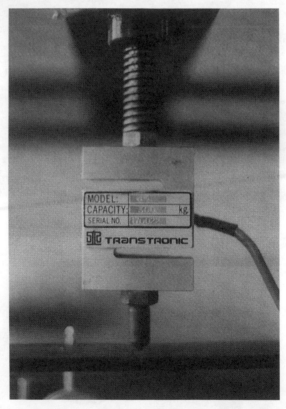

圖 4-26　負荷計

　　負荷計內應變計之安裝通常為 4 個可變元件的型式，其接腳如圖 4-27 所示。
【Note：負荷計之電纜線中每一導線之覆被顏色所對應的接腳是固定的，共有五條。
其中黃色(Y)是金屬製的隔離網(Shield)，將其接地後可用來保護被其所包覆的其他四
條線免於電磁波等雜訊的干擾。】

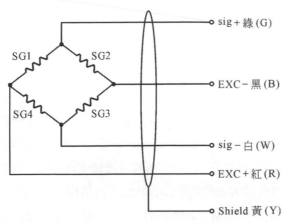

圖 4-27　負荷計中應變計電橋之接腳

4.7　壓電式壓力感測器
(Piezoelectric Pressure Transducer)

1. 壓電效應(Piezoelectric Effect)

　　某些晶體如石英、酒石酸鉀鈉結晶、鈦酸鋇、鈦酸鉛等受力時，其晶格結構改變，造成極性失去平衡而產生電荷於晶體兩面堆積的現象，此現象即稱為壓電效應。如圖 4-28 所示。

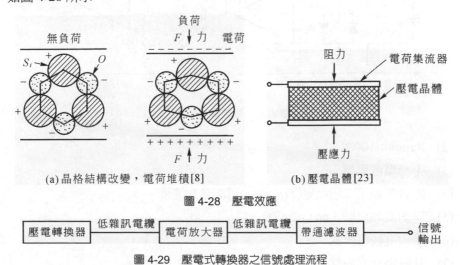

(a)晶格結構改變，電荷堆積[8]　　　　(b) 壓電晶體[23]

圖 4-28　壓電效應

壓電轉換器 ─低雜訊電纜→ 電荷放大器 ─低雜訊電纜→ 帶通濾波器 ─○ 信號輸出

圖 4-29　壓電式轉換器之信號處理流程

2. 特性

(1) 因晶體兩側為電荷堆積，故需電荷放大器(Charge Amplifier)將其轉換為電壓。電荷放大器的功用在將電荷(Charge)轉換成電壓後放大輸出。因在量測力或加速度時，電阻式感測器(例如應變計)雖然有相對較佳之準確性及較簡單之電路，但卻無法量測高頻信號(高頻響應不佳，上限約在數百 Hz 左右)，遇高頻信號則須使用壓電(Piezoelectric)型感測器。然而壓電型感測器受力(加速度)後的輸出為電荷，為方便傳輸及後續處理，勢必需要一裝置將電荷轉換為電壓，電荷放大器的功用即在於此。故電荷放大器雖名為放大器，但基本上其功用為一換能器(Transducer)。不過一般在電荷放大器的輸出端會串聯一放大電路，使其確實具有放大的功能。因電荷放大器是為處理高頻信號時使用壓電型感測器的配合元件，故電荷放大器通常亦配置有高通濾波器以將高頻信號取出、將低頻的雜訊濾除。電荷放大器的電路如圖 4-30 所示，通常將其整合製作成積體電路，市面上可購得。

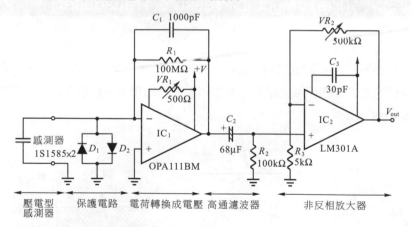

圖 4-30　電荷放大器電路

(2) Range：10000psi。

(3) 不受溫度影響。

(4) 配合牛頓第二運動定律($F = ma$)可測量加速度。

(5) 可測高頻信號，up to 20kHz。

(6) 準確度較電阻式差。

(7) 其效應有方向性。

習題

1. 壓力的定義為何？

2. 壓力單位 bar 如何定義？其與 psi 間如何換算？

3. 1 atm = 760 mm-Hg，其與 psi 間如何換算？

4. In‧W 與 Torr 是如何定義？其間如何換算？

5. 何謂「靜壓」？其與「總壓」間之關係如何？

6. 壓力的表示法依其參考零點的不同，分成哪三類？各是如何定義？

7. 何謂「速度水頭」？如何量測？

8. 位移式壓力轉換器有哪幾種？各有何特色？

9. 如何將壓力位移轉換成電氣信號？有哪幾種方式？

10. 何謂「LVDT」？請簡述其原理。

11. 何謂「應變計」？該元件可量度何種信號？原理如何？

12. 何謂「應變計因子」？該值所代表的意義為何？

13. 何謂應變計之「溫度效應」？如何消弭？

14. 四個可變元件之電橋電路有何優點？其上四個 SG 之關係位置如何？

15. 何謂「負荷計」？請繪出其上應變計電橋之接腳圖並標出接腳名稱和顏色。

16. 何謂「壓電效應」？

17. 壓電式壓力轉換器有何特色？

流量感測

5.1 流量(Flow Rate)

本章所討論的流量均係指封閉管路中流體的流量，開水路如河川、洋流等不在本章討論之列。

1. 定義：單位時間內流體流過某截面積的量(Q)。

依所指量的不同，又可分為下列二種流量：

(1) 體積流率(Volumetric Flow Rate, Q_V)：單位時間內流過某截面積之流體的體積。

$$Q_V = \dot{V} = \frac{dV}{dt} = 流速(v) \times 管截面積(A)$$

(2) 質量流率(Mass Flow Rate, Q_M)：單位時間內流過某截面積之流體的質量。

$$Q_M = \dot{M} = \frac{dM}{dt} = 流速(v) \times 管截面積(A) \times 流體密度(D)$$

由以上討論可得以下結論：

(1) 流量與流速(v)、面積(A)、密度(D)有關。若固定其中兩者，量取第三者，則可得流量。

(2) 一般所謂流量，多指體積流率。若流體密度保持不變，則討論體積流率即可。

2. 單位

(1) cm^3/sec，m^3/sec。

(2) lpm(liter per minute) = 16.67cm^3/sec，1cm^3/sec = 0.06 lpm。

(3) Gpm(Gallon per minute)。

(4) Gph(Gallon per hour) = 1/60 Gpm。

【Note：加侖(Gallon)又分成美式加侖(U.S. Gallon)與英式加侖(British Gallon)。1 U.S. Gallon = 231 inch^3 = 3.78541 liter；1 British Gallon = 4.5459631 liter。另外，經常用來計算石油產量的單位：1 Barrel (桶) = 42 U.S. Gallon = 159 liter。】

(5) g/sec，kg/sec。

(6) lb/sec = pps(pound per second)。

3. 分類

(1) 瞬時流量 $Q(t) = Av(t)$

特指某一瞬間的流量而言。

(2) 積算流量 $Q(t) = \int_0^T q(t)dt$

特指某一段時間內$(0 \sim T)$的總流量而言。

有的流量計僅可指示瞬時流量，有的僅可指示積算流量，也有兩者均可指示的流量計。

5.2 流量的量測法

一般常用的流量計有下列四種型式，分別代表了四種流量的量測法：

1. 面積式流量計(Area Type Flowmeter)

(1) 浮子流量計(Rotameter)。

(2) 活塞式流量計(Piston Type Flowmeter)。

2. 體積式流量計(Volumetric Type Flowmeter)

(1) 旋轉漏斗式體積計(Rotating Bucket Type Volumetric Flowmerer)。

(2) 伸縮管式體積計(Bellow Type Gas Meter)。

(3)　輪葉式(Lobed-Impeller Type Gas Meter)。

(4)　衡重計(Weight Meter)。

(5)　往復活塞式體積計(Reciprocating-Piston Type Volumetric Flowmeter)。

3.　速度式流量計(Velocity Type Flowmeter)

(1)　渦輪式((Turbine Flowmeter)。

(2)　超音波式(Supersonic Flowmeter)。

4.　差壓式流量計(Differential Pressure Type Flowmerer)

(1)　流孔板(Orifice Plate)。

(2)　細腰管(或文氏管 Venturi Tube)。

(3)　噴嘴(Flow Nozzle)。

(4)　皮托管(Pitot Tube)。

5.3　相關定理

1.　雷諾數(Reynold Number)

當流體於一管路內流動，若由於磨擦與黏性使其沿管路平行流動，則此種流動稱為「穩流(Laminar Flow)」或稱「線流(Streamline Flow)」。線流的前端呈一拋物面，且於管中心線處流速最大、愈接近管壁處流速愈小，如圖 5-1(a)所示。若流速大過某一臨界值，則流體開始發生漩渦，此種流動稱為「擾流(Turbulent Flow)」。擾流也稱「亂流」，其流動時質點擾動而無一定規則，如圖 5-1(b)所示。流體流動的型式可由「雷諾數」來判知。

$$R_e = \frac{dDv}{\mu} = \frac{dv}{\zeta} \tag{5.1}$$

R_e：雷諾數

d　：管內徑

D　：流體密度

v　：流體平均流速

μ　：絕對黏度

ζ　：μ/D 黏滯率

(1) R_e＜2000，流體爲線流。

(2) 2000＜R_e＜4000，爲臨界狀態(正直圓管爲 2320)。

(3) R_e＞4000，流體爲擾流。

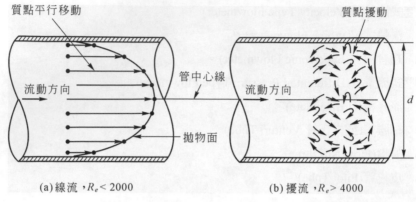

質點平行移動

質點擾動

流動方向

管中心線

流動方向

d

拋物面

(a) 線流，R_e < 2000

(b) 擾流，R_e > 4000

圖 5-1　線流與擾流[3]

2. 連續方程式(Continuity Equation)

對一穩態流(Steady Flow)而言，根據物質不滅定律，一不可壓縮之流體於管路中任一截面(a-a)或(b-b)之質量流率是相同的。如圖 5-2 所示：

$$M_a/t = M_b/t$$
$$\Rightarrow A_a D_a v_a = A_b D_b v_b \tag{5.2}$$

(5.2)式即爲連續方程式。若 a、b 兩處密度相同，即 $D_a = D_b = D$，則

$$A_a v_a = A_b v_b \text{ (截面積愈小，流速愈大)}$$

其中 A_a：a-a 之截面積

　　　A_b：b-b 之截面積

　　　v_a：a-a 處之流速

　　　v_b：b-b 處之流速

　　　D：流體質量密度

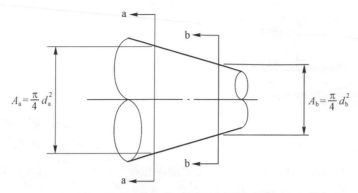

圖 5-2　同一管路不同管徑流體之連續性

例題 5.1

某管路中，a-a 截面內徑為 12in，b-b 截面內徑為 6in，若該管路中流體流量為 $10\ \text{ft}^3/\text{sec}$ 且密度均勻不變，求 a、b 二處之流速。

解 由 5.2 式，

$$A_a D_a v_a = A_b D_b v_b$$

因密度不變，故

$$\frac{\pi}{4}(1)^2 v_a = 10 \Rightarrow v_a = 12.73\text{ft/sec}$$

同理　$\dfrac{\pi}{4}(0.5)^2 v_b = 10 \Rightarrow v_b = 50.93\text{ft/sec}$

3. 白努力方程式(Bernoulli's Equation)

　　如圖 5-3，若不考慮摩擦損失，在參考面上高 Z 處的一塊流體具有下列能量：

(1)　位能(由高度差形成)$= mgZ$

(2)　動能(由速度形成)$= \dfrac{1}{2}mv^2$

(3)　壓能(由靜壓形成)$= PV$

其中 m：該塊流體之質量(kg)

　　　g：重力加速度$(9.81\dfrac{m}{s^2})$

　　　Z：該塊流體距參考面之高度(m)

v：該塊流體之速度($\dfrac{m}{s}$)

P：該塊流體之壓力($\dfrac{kgw}{m^2}$)

V：該塊流體之體積(m^3)

根據能量不滅定律，該塊流體不論位於容器中(或管路中)任一處之總能量是不變的，意即：動能+壓能+位能=常數。

現於該流體系統中任意 a、b 二處之總能量相等：

$$\frac{1}{2}mv_a^2 + P_aV_a + mgZ_a = \frac{1}{2}mv_b^2 + P_bV_b + mgZ_b$$

上式每項除以單位重量 mg，且 $\dfrac{V}{mg} = \dfrac{1}{\rho}$($\rho$ 為該流體之重量密度)，故

$$\frac{v_a^2}{2g} + \frac{P_a}{\rho_a} + Z_a = \frac{v_b^2}{2g} + \frac{P_b}{\rho_b} + Z_b \qquad (5.3)$$

(5.3)式即為白努力方程式。若在同一高度(水平管線)則 $Z_a = Z_b$，且設 $\rho_a = \rho_b = \rho$(密度均勻不變)，得

$$\Rightarrow \frac{P_a}{\rho} + \frac{v_a^2}{2g} = \frac{P_b}{\rho} + \frac{v_b^2}{2g} \qquad (5.4)$$

(5.4)式為簡化後之白努力方程式。

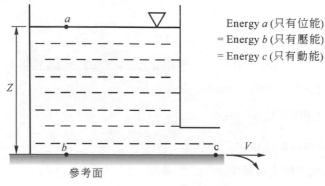

Energy a (只有位能)
= Energy b (只有壓能)
= Energy c (只有動能)

圖 5-3　流體之能量轉換

4. 差壓流量方程式

如圖 5-4，設截面積為 A_1、流速為 v_1、壓力為 P_1 之流體，經截面積 A_2 之限制元件後，其壓力為 P_2，流速為 v_2，則根據(5.4)式

$$\frac{P_1}{\rho} + \frac{v_1^2}{2g} = \frac{P_2}{\rho} + \frac{v_2^2}{2g}$$

$$\Rightarrow \frac{P_1 - P_2}{\rho} = \frac{v_2^2 - v_1^2}{2g} \tag{5.5}$$

而由(5.2)式

$$A_1 v_1 = A_2 v_2$$

$$\Rightarrow v_1 = \frac{A_2}{A_1} v_2 = \left(\frac{D_2}{D_1}\right)^2 v_2 = \beta^2 v_2 \quad (\beta = \frac{D_2}{D_1}, \text{節流孔徑與管徑比})$$

將上式代入(5.5)式

$$\Rightarrow \frac{P_1 - P_2}{\rho} = \frac{v_2^2 - (\beta^2 v_2)^2}{2g} = \frac{v_2^2(1 - \beta^4)}{2g}$$

$$\Rightarrow v_2 = \sqrt{\frac{2g(P_1 - P_2)}{\rho(1 - \beta^4)}} = C_d \sqrt{2g\Delta P} = C_O \sqrt{\Delta P} \tag{5.6}$$

$C_d = \sqrt{\dfrac{1}{\rho(1 - \beta^4)}}$ ：流量係數

$\Delta P = P_1 - P_2 = P_{\text{上流}} - P_{\text{下流}}$ (差壓水頭)

而 $Q = Av = AC_O\sqrt{\Delta P} = C\sqrt{\Delta P}$ (流量與差壓的平方根成正比)

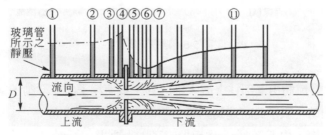

圖 5-4　流體經限制元件前後之壓力變化[3]

5.4 面積式流量計－浮子流量計

1. 構造

浮子流量計(Rotameter)，係由一可旋轉之浮標置於錐形管中所構成。浮標於錐形管中可上下滑動，而其滑動位移與錐形管中流體流量呈正比。藉錐形管外的刻度經校正後，可直接指示流量，如圖 5-5 所示。浮子流量計又稱可變流孔計(Variable Oriffice Meter)或常量落差計(Constant Head Meter)。

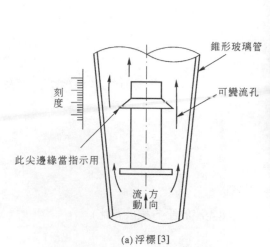

(a) 浮標 [3]　　　　　　　　　　　　　　(b) 總成

圖 5-5　浮子流量計

2. 原理

如圖 5-6，當流體由下部往上流入錐形管，致使浮子向上浮動，當浮子移動若干高度而停止時，表示此時達到動態力平衡，下式勢必成立：

作用於浮子向下之力 ＝ 作用於浮子向上之力

⇒ 浮標重量 ＋ 流體作用於浮標頂面向下之力

＝ 浮標所受浮力 ＋ 流體作用於浮標底面向上之力 ＋ 流體曳引力

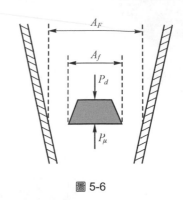

設 A_f：浮子最大面積

　A_F：浮子所在位置之錐形管內截面積

　W：浮子重量

　ρ：流體重量密度

　P_d：流體向下的壓力

　P_u：流體向上的壓力

　V：浮子體積

圖 5-6

則 $W + P_d \times A_f = V \times \rho + P_u \times A_f + D$ (5.7)

【Note：一物於流體中所受浮力為其於流體中所能排開之流體的重量。現浮子流量計中之浮子沒於液中，故排開流體之體積即為浮子的體積。】

其中 D 為曳引力(Drag Force)，由流體力學知：

$D = C\mu vL$

　C：曳引力常數，視浮子形狀及流動情形而定

　μ：流體的絕對黏度

　v：流體流速

　L：相當長度(Equivalent Length)

D 的方向為流體流速的方向。欲求 D 是麻煩的事，但若流體流型為擾流，則 D 的方向為隨機並不固定，那麼作用於浮子的曳引力各方向可互相抵消。使流體流型為擾流的方法是在浮子邊緣刻上旋轉用溝槽，當流體流過時使浮子旋轉，則其四週流體之流型為擾流，藉此消除曳引力。如圖 5-7 所示。

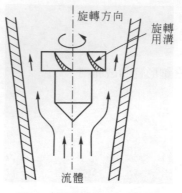

圖 5-7　以溝槽使浮子旋轉[8]

故(5.7)式可整理成：

$$P_u - P_d = \frac{W - V\rho}{A_f} \tag{5.8}$$

(5.8)式中等號左邊爲浮子上下的壓力差，而等號右邊係一常數，此即爲何浮子流量計又稱常量落差計的原因。

再由白努力定律：

$$Q = AC_O\sqrt{\Delta P} = (A_F - A_f)\, C_O\sqrt{\frac{W - V\rho}{A_f}}$$

而 $C_O\sqrt{\dfrac{W - V\rho}{A_f}}$ 爲常數，故

$$Q = C(A_F - A_f)$$
$$\Rightarrow Q \propto (A_F - A_f) \tag{5.9}$$

$(A_F - A_f)$ 代表了節流口的面積，其中 A_f 爲常數而 A_F 隨浮標所在位置而變，所以浮子流量計又稱爲可變流孔計。

3. 流量與浮標位移的關係

由(5.9)式可知錐形管中流體的流量與節流口面積成正比，但量度節流口面積誠非易事。然而節流口面積係隨浮標的位移增加而變大，故若可求得節流口面積與浮標位移間之關係，則可經由量度浮標位移而求得流量。

如圖 5-8，設

　D_f　：浮標直徑

　D_F　：浮標所在位置之錐形管內徑

　D_i　：錐形管入口內徑(正常 D_f 略大於 D_i)

　θ　：錐形管角度

　y　：浮標位移量

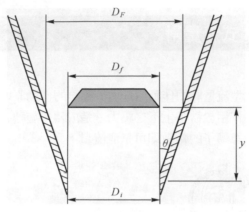

圖 5-8　流量與浮標位移的關係

則 $D_F = D_f + 2y \tan\theta$，而節流口面積

$$A = \frac{\pi}{4}(D_F^2 - D_f^2) = \frac{\pi}{4}[(D_f + 2y\tan\theta)^2 - D_f^2] = \pi D_f y \tan\theta + \pi y^2 \tan^2\theta$$

若 θ 很小，則 $\tan^2\theta \to 0$，故

$$A \cong \pi D_f y \tan\theta = ky \quad (k = \pi D_f \tan\theta) \tag{5.10}$$

由(5.9)式

$$Q = CA = Cky = Ky \tag{5.11}$$

⇒ 流量與浮標位移量 y 成線性關係。故可在錐形管外垂直方向刻上刻度，用以顯示浮標位移量。但若經(5.11)式轉換並校正後，該刻度可直接標示為流量，如圖 5-5 所示。

4. 浮子流量計特性

(1) 指示值為瞬時流量，無法量測積算流量。

(2) 必須垂直安裝。

(3) 可容忍灰塵等小顆粒雜質混入，即對流體清潔度要求不高。

(4) 與位移檢測裝置連用(如 LVDT)，可將浮標位移量(流量)轉換為電氣信號輸出(請見圖 6-7)。

5.5　體積式流量計

1. 原理

如圖 5-9 所示，此型流量計的作動原理與液壓泵的作動原理相反。即當流體流入流量計時，因流體作用於轉子上下之壓力差造成轉子旋轉，而轉子每旋轉一週之排量為定值，藉計算轉子的轉數即可量測流量。

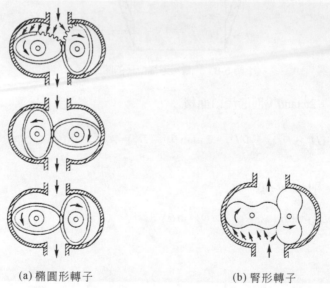

(a) 橢圓形轉子　　　　　　　(b) 腎形轉子

圖 5-9　體積式流量計[8]

2. 特性

(1) 指示為積算流量。

(2) 橢圓形轉子多為液體流量的量測，而氣體流量的量測則需用摩擦力較小、閉氣效果較佳的腎形轉子流量計。

(3) 流體黏度太低或轉子上下壓力差太小時，誤差較大。

(4) 需另配合轉數檢測裝置。

(5) 家庭用自來水錶及瓦斯錶均屬此類。

5.6　速度式流量計 – 渦輪式流量計

1. 構造

如圖 5-10，在管路中置入渦輪葉片(翼車)，當流體流動時，因葉片兩側流速不同，根據白努力定律，葉片兩側因流速形成壓力差而旋轉，若軸承處摩擦很小，則流體流速與葉片轉速成正比。故在管截面積固定的條件下，量測葉片轉速即可求得流量。

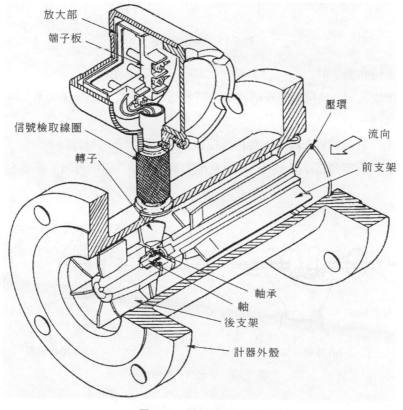

放大部
端子板
信號檢取線圈
轉子
壓環
流向
前支架
軸承
軸
後支架
計器外殼

圖 5-10　渦輪流量計[8]

2. 原理

(1) 奧斯特效應

1819 年丹麥藉科學家奧斯特最早提出電磁關係，即「載流導體的四週有磁場產生」。此實驗乃使用載流導體及指南針進行之，如圖 5-11 所示。該實驗證明電可生磁。

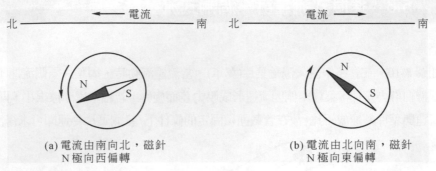

(a) 電流由南向北，磁針
　　N 極向西偏轉

(b) 電流由北向南，磁針
　　N 極向東偏轉

圖 5-11　奧斯特效應

(2) 安培右手定則

稍後，另一位科學家安培將奧斯特效應中之磁電關係整理如下：以右手握住導體，

① 若導體為直線，則姆指為電流方向，四指為磁場方向。

② 若導體為線圈，則四指為電流方向，姆指為磁場方向；如圖 5-12 所示。

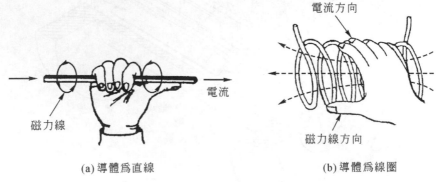

(a) 導體為直線

(b) 導體為線圈

圖 5-12　安培右手定則[13]

(3)　法拉第效應

1831 年科學家法拉第以磁鐵條和線圈作實驗，發現下列現象：

①　磁鐵條插入線圈時，電流錶向一方偏轉，抽出時則向另一方偏轉。

②　磁鐵條插入線圈前、停在線圈中及離開線圈後，電流錶均指示為零。

③　電流錶偏轉量與磁鐵移動速度成正比。

此即法拉第效應，或稱電磁感應。以電磁線圈取代磁鐵條可得相同結果。如圖 5-13 所示。

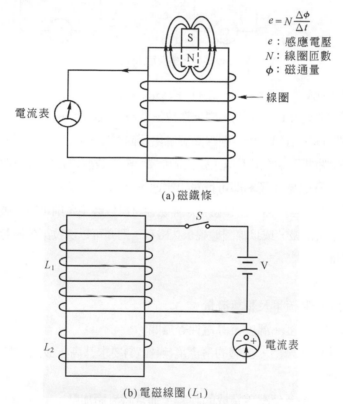

$$e = N \frac{\Delta \phi}{\Delta t}$$

e：感應電壓
N：線圈匝數
ϕ：磁通量

線圈

電流表

(a) 磁鐵條

L_1

S

V

L_2

電流表

(b) 電磁線圈 (L_1)

圖 5-13　法拉第效應(電磁感應)[13]

(4)　楞次定律(Lenz's Law)

1834 年科學家楞次則將法拉第效應中感應電動勢之極性，作了修正：

$$e = -N \frac{\Delta \phi}{\Delta t} \tag{5.12}$$

此負號之意義乃指感應電動勢的方向係反抗磁通變化的方向，如圖 5-14 所示。

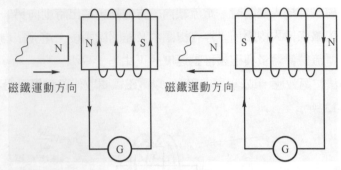

圖 5-14 　楞次定律[13]

(5) 因渦輪流量計之轉子為磁性材料，所以當轉子接近信號檢取線圈時，線圈之磁通發生變化(由 0→1)，根據法拉第效應，線圈有感應電壓產生。轉子遠離線圈時(磁通由 1→0)，則線圈感應出反向電壓。如此，轉子隨著葉片不斷旋轉，線圈即可感應出近似正弦波的信號，再以截波電路將其整理成脈波(Pulse)形式，計數脈波頻率即可推算出流速，進而求得流量。

(6) 若為提高耐蝕性而使用順磁性之非磁性材料為轉子，則可將信號檢取線圈中間加入永久磁鐵，或以線圈纏繞永久磁石，則亦可以法拉第效應量取葉片轉速而得流量。

3. 特性

(1) 可指示瞬時流量及積算流量。

(2) 與流體的黏度、溫度、導電性等無關。

(3) 為減少軸承摩擦，流體的清潔度(無雜質)要求甚高，故通常需於管路中加裝過濾網。

(4) 為防止氣泡及低壓差造成的誤差，通常將流體加壓。

(5) 精確度高，加油站之買賣計量屬於此類。

(6) 需脈波處理電路。

(7) 葉片需裝置於上流的直管部份並防止旋流以減少誤差。

5.7　速度式流量計－電磁流量計

1. 原理

   電磁流量計係根據發電機原理而進行流量量測，簡述於後。

   (1) 佛萊銘右手定則(發電機定則)

   若導體在磁場中運動，則導體上將生感應電流。而運動方向(v)、磁場方向(B)及感應電動勢方向(e)三者可以右手之姆指(v)、食指(B)及中指(e)來表示，此即發電機定則，如圖 5-15 所示。

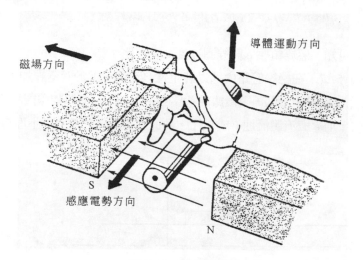

磁場方向

導體運動方向

S

感應電勢方向

N

圖 5-15　發電機原理

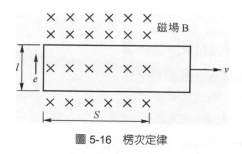

圖 5-16　楞次定律

如圖 5-16，根據楞次定律

$$e = -N\frac{\Delta\phi}{\Delta t} \; , \qquad\qquad B = \frac{\phi}{A}$$

$$= -N\frac{\Delta(BA)}{\Delta t}$$

$$= -N\frac{B\Delta(lS)}{\Delta t}$$

$$= -NBl\frac{\Delta S}{\Delta t}$$

$$= -NBl \times v$$

$$= -NBlv\sin\theta \qquad (\theta : v \text{ 與 } B \text{ 間之夾角}) \tag{5.13}$$

由此可知，感應電壓 e 與線圈速度 v 成正比。

(2) 如圖 5-17，在絕緣管路內通以導電性之流體，並於管兩端加上磁場(固定磁極或電磁線圈均可)，則根據佛萊銘右手定則，流體將如線圈般有感應電壓 e 產生，而 e 與流體流速 v 成正比，藉此可量得流體流速並進而導得流量。

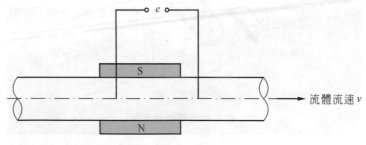

圖 5-17　電磁流量計

2. 特性

(1) 可指示瞬時流量及積算流量。

(2) 對流體清潔度要求不高。

(3) 僅適用於導電性均勻之流體。

(4) 需脈動防止裝置以降低誤差。

(5) 需防止靜電及其他電磁裝置所生之雜訊。

5.8　速度式流量計－超音波流量計

1. 時間差式

如圖 5-18，在管路中置入兩組超音波發射器及接收器，並使其中一組為順流，另一組則為逆流。兩組發射器由同一組超音波產生器提供信號並同時發射超音波。設順流波需時 t_1 抵達接收器，逆流波需時 t_2，超音波速為 C，流體流速為 v，發射器與接收器間距離為 l，則

$$t_1 = \frac{l}{C+v}$$

$$t_2 = \frac{l}{C-v}$$

$$\Delta t = t_2 - t_1 = \frac{2lv}{C^2 - v^2} \doteq \frac{2lv}{C^2} \qquad (C^2 \gg v^2)$$

$$\Rightarrow v \doteq \frac{C^2 \Delta t}{2l} = k_1 \Delta t \qquad \left(k_1 - \frac{C^2}{2l} \right)$$

$Q = A \times v = (A \times k_1) \times \Delta t$，此即為時差式超音波流量計(圖 5-18)的校正公式，其中 EU 是流量(Q)，MU 是測得時間差(Δt)，$(A \times k_1)$為斜率，截距為 0。

故量測兩接收信號的時間差即可算得流體流速，進而得知流量。

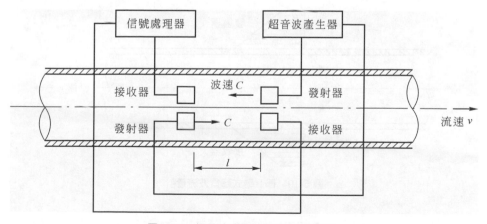

圖 5-18　超音波流量計(時差及頻差式)

2. 頻率差式

同樣如圖 5-18，設順流波之接收器所接收到的頻率為 f_1，逆流波為 f_2，則

$$f_1 = \frac{C+v}{l}$$

$$f_2 = \frac{C-v}{l}$$

$$\Delta f = f_1 - f_2 = \frac{2v}{l}$$

$$\Rightarrow v = \frac{l\Delta f}{2} = k_2 \Delta f \qquad \left(k_2 = \frac{l}{2}\right)$$

故流速 v 可由頻率差 Δf 求得。流量 $Q = A \times v = (A \times k_2) \times \Delta f$，此即為頻差式超音波流量計(圖 5-18)的校正公式，其中 EU 是流量(Q)，MU 是測得頻率差(Δf)，($A \times k_2$)為斜率，截距為 0。由上述討論可知，頻差式較時差式有下列二優點：

(1) 頻差式所得流量為準確值，而時差式所得為近似值。

(2) 頻差式與超音波速 C 無關，時差式則需先求得 C 值。

3. 都卜勒式

如圖 5-19，於管外裝設超音波發射器及接收器各一組，以與流速方向夾 θ 角入射超音波，則根據都卜勒效應(第七章中將有詳述)，由發射頻率與接收頻率的差，可推算得流體流速。

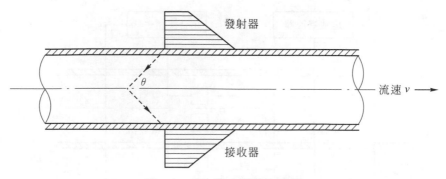

圖 5-19　都卜勒式超音波流量計

設 f_t：發射頻率

f_r：接收頻率

C：超音波波速

θ：入射波與流速的夾角，則

$$\Delta f = f_r - f_t \doteq \frac{2 f_t v \cos \theta}{C} \tag{5.14}$$

$$v \doteq \frac{C \Delta f}{2 f_t \cos \theta} = k_3 \, \Delta f \qquad \left(k_3 = \frac{C}{2 f t \cos \theta} \right) \quad \text{(請與(7.7)式比較)}$$

流量 $Q = A \times v = (A \times k_3) \times \Delta t$，此即為都卜勒式超音波流量計(圖 5-19)的校正公式，其中 EU 是流量(Q)，MU 是測得頻率差(Δf)，$(A \times k_3)$為斜率，截距為 0。

4. 特性

(1) 時差及頻差式因需於導流前即行安裝，故不便追加，且受腐蝕、壓力、黏度等因素影響，保養不易，較不理想。

(2) 都卜勒式則無上述缺點。

(3) 流體中有雜物或泡沫，以及流速分佈不均等因素均可導致誤差，應儘量避免。

1. 何謂「體積流率」？「質量流率」？

2. 流量單位 lpm、Gpm 及 Gph 間如何換算？

3. 流量的量測法有哪四種？

4. 何謂「連續方程式」？其根據為何？

5. 管路中 a 截面內徑 1.2m，靜壓 $1kg/m^2$，若流量為 $1.14m^3/sec$，流體密度 $1kg/m^3$ 均勻不變，求內徑 0.8m 處之靜壓？

6. 請說明管徑、流速、靜壓三者間之關係。

7. 流量單位 Gph 與 cm^3/sec 間如何換算？

8. 某管路中 a-a 截面內徑為 10in，b-b 截面內徑為 5in。若 a-a 處流速為 1 ft/sec，求 (1)b-b 處流速，(2)b-b 處流量？(設密度不變)

9. 請推導「白努力方程式」。

10. 請根據連續方程式及白努力定律推導「差壓流量方程式」。

11. 請簡述「浮子流量計」的原理。

12. 請推導浮子流量計之浮標位移與流量間之關係。

13. 體積式流量計有何特性？

14. 請說明「奧斯特效應」及「法拉第效應」。

15. 超音波流量計有幾種形式？各有何特色？

位移感測

6.1　位移(Displacement)

1. 定義

具方向性的距離變化量稱為位移。依變化量的不同，又可分為：

(1) 線位移(Line Displacement)：具方向性的長度變化量，係描述物體作直線運動時的位移。

(2) 角位移(Angle Displacement)：具方向性的角度變化量，係描述物體作圓周運動時的位移。

2. 單位

(1) 線位移

① 公制：μm、mm、cm、m、km(字頭縮寫請見附錄一)

② 英制：mil、in、ft、yd、mile、Knot

　　　　1 mil(密爾) = 10^{-3} in (milli-inch)

　　　　1 in(吋) = 2.54 cm

　　　　1 ft(呎) = 12 in

　　　　1 yd(碼) = 3 ft

$$1 \text{ mile}(\text{哩}) = 1760 \text{ yd} = 1609 \text{ m}$$
$$1 \text{ Knot}(\text{節} \cdot \text{浬}) = 1.8 \text{ km}$$
$$1 \text{ 公釐} = 1 \text{ 毫米} = 1 \text{ mm}$$
$$1 \text{ 厘米} = 1 \text{ cm}$$

③ 一公尺之定義，請參考附錄四。

(2) 角位移

① 度度：deg(degree)

② 徑度：rad(radian)

$$360 \text{ deg} = 2\pi \text{ rad} \Rightarrow 1 \text{ rad} = 57.3 \text{ deg}$$

6.2 線位移感測器

■ 6.2-1 直線電位計(Line Potentiometer)

電位計其實就是可變電阻器，兩端加上激勵電源後，由碳刷在電阻器不同位置處取出電壓，此即分壓電路。輸出電壓與碳刷位移量呈線性關係，如圖 6-1 所示。

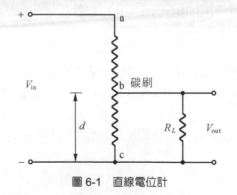

圖 6-1 直線電位計

1. 輸出與負載

設：電位計總電阻長度為 l，總電阻值為 R，負載電阻值 R_L，位移 d，

(1) 若 $R_L = \infty$

$$V_{\text{out}} = \frac{R_{bc}}{R} \times V_{\text{in}} = \frac{\dfrac{d}{l} \times R}{R} \times V_{\text{in}} = \frac{d}{l} V_{\text{in}}$$

$$d = kV_{\text{out}} \quad \left(k = \frac{l}{V_{\text{in}}}\right)$$

(2)　若 $R_L \neq \infty$

$$V_{\text{out}} = \frac{(R_{bc} \,//\, R_L)}{(R_{bc} \,//\, R_L) + R_{ab}} \times V_{\text{in}}$$

而　$(R_{bc} \,//\, R_L) = \dfrac{\dfrac{dRR_L}{l}}{(\dfrac{d}{l}R) + R_L} = \dfrac{dRR_L}{dR + lR_L}$

可見不同的負載即使在相同的位移下，也會有不同的輸出。故為消除負載的影響，通常使 $R_L > 10R$，或於電位計輸出端加裝緩衝放大器(Buffer Amplifier，如 OP 之電壓隨耦器或電晶體的射極隨耦電路)，以降低其輸出阻抗。

2. 應用實例

圖 6-2 係一油壓伺服定位系統，其中載有刀具之工作台由油壓缸驅動。工作台附有碳刷在直線電位上滑動，隨工作台位移的變化取出不同的電壓送至放大器(兼比較器)之負端。直線電位計在此作為回授元件(Feedback Potentiometer，FP)，感測工作台的實際位置。工作台位移後的定位點由旋轉電位計(Set Potentiometer，SP)設定，旋轉電位計的輸出電壓送至放大器之正端。兩電位計的輸出信號經比較並放大後，驅動伺服閥使油壓缸作動。當工作台移動至直線電位計的輸出與設定電壓相等時，伺服閥關閉，油壓缸停止，即可達到定位目的。該系統的方塊圖及時間響應圖分別如圖 6-3 及圖 6-4 所示。

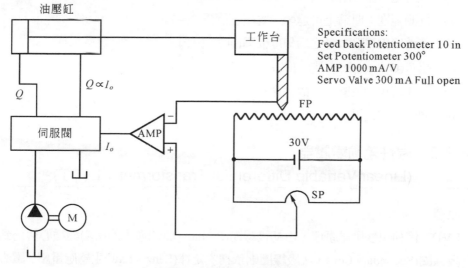

圖 6-2　電位計之應用實例

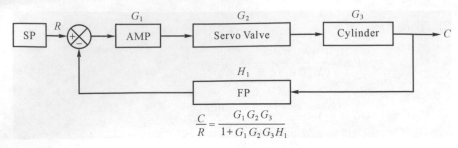

$$\frac{C}{R} = \frac{G_1 G_2 G_3}{1 + G_1 G_2 G_3 H_1}$$

圖 6-3　圖 6-2 例之控制方塊圖

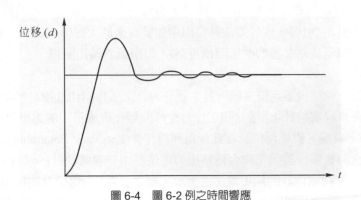

圖 6-4　圖 6-2 例之時間響應

3. 特性

(1) 常用電阻器之阻值為 50～20kΩ/in ± 10%。

(2) 量測範圍：理論上可達∞，實用範圍為 0～5 in。

(3) 線性度因電阻本身之均勻度而異(通常不佳)。

(4) 超量(Overrange)會造成損害。

(5) 工作時會產生磨耗，故壽命不長。

(6) 通常單向使用。

■ 6.2-2　線性差動變壓器
(Linear Variable Differential Transformer，LVDT)

1. 原理

LVDT 係利用變壓器原理，由初級線圈(Primary Coil)產生的磁場經鐵心傳遞到次級線圈(Secondary Coil)，次級線圈則依楞次定律(Lenz's Law)生感應電壓。鐵心所

在位置可決定兩次級線圈所耦合得到的磁通量，即兩次級線圈的感應電壓，故兩次級線圈間之電位差則代表了鐵心的位移量。如圖 6-5 所示。

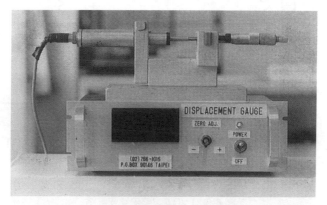

(a) 實體

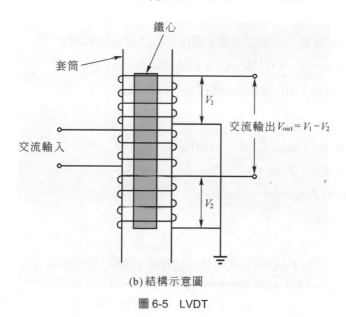

(b) 結構示意圖

圖 6-5　LVDT

2. 信號處理

LVDT 係利用變壓器原理，輸入為交流信號，故其輸出亦為交流信號。若欲得直流信號則需整流濾波電路，如圖 6-6 所示。

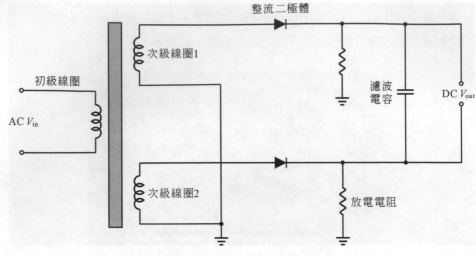

圖 6-6　LVDT 之整流濾波電路

3. 特性

(1) 輸出電壓大小代表位移量，電壓極性代表位移方向。

(2) Nonlinearity：± 0.1%～±1% FS。

(3) Sensitivity：10～45mV/mil (1 mil = $\dfrac{1}{1000}$ in)。

(4) 負載阻抗範圍大。

(5) Frequency Range：50Hz～10kHz。

(6) Resolution：2 μm。

(7) (Linear) Range：0～±3 in。

(8) 無疲勞損耗。

4. 應用

LVDT 的應用例子甚多，凡可轉換為位移的信號(只要位移量在 LVDT 的可量測範圍內)均可藉 LVDT 轉換成電壓信號，如圖 6-7 所示。

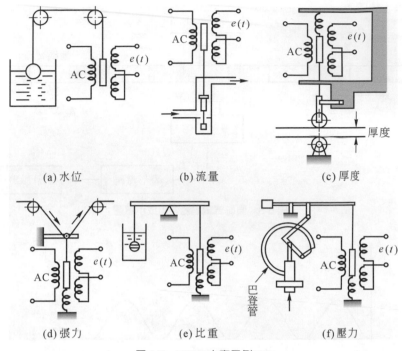

(a) 水位　　　　　　(b) 流量　　　　　　(c) 厚度

(d) 張力　　　　　　(e) 比重　　　　　　(f) 壓力

圖 6-7　LVDT 之應用例[15]

■ 6.2-3　直軸式編碼器(Linear Encoder)

1. 何謂編碼器

   可將待測之物理量，如位移、頻率、速度等(此處指位移)的大小編成不同的代碼 (code)，由代碼可判知現在物理量之大小的裝置稱編碼器。

   又分成

   (1) 增量式(Incremental)：僅可量測兩點間之變化量。

   (2) 絕對式(Absolute)：可量測任一點與零點間之變化量。

2. 原理

   (1) 利用一組(或多組)光耦合器(Photo-Couple)來拾取編碼器上透光和不透光部 分在移動時交替出現的信號，以量度待測量。如圖 6-8 所示。

   (2) 此交替出現的信號近似正弦波，經整形電路可得方波。如圖 6-9。

   (3) 輸出信號中每一個脈波(Pulse)代表一個孔距(l)的位移，亦即此編碼器之解析 度(Resolution)。孔距愈小，解析度愈高。

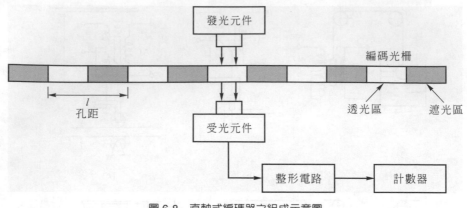

圖 6-8　直軸式編碼器之組成示意圖

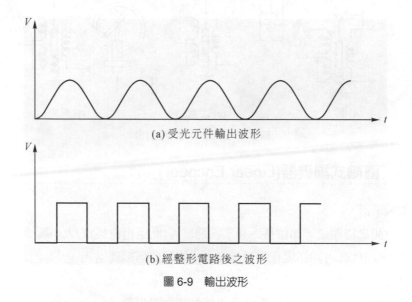

(a) 受光元件輸出波形

(b) 經整形電路後之波形

圖 6-9　輸出波形

(4) 以待測物驅動編碼器的光罩(或副尺)，設得到脈波數為 P，則位移量

$$d = l \times P$$

(5) 單位時間內脈波出現的次數即為頻率，故亦可計頻。

(6) 此頻率乘上孔距即代表待測物之速率，故亦可測速。

(7) 若僅用一組光耦合器，則待測物向左和向右位移時編碼器的輸出波形是一樣的。此時只能測得位移大小，無法分辨方向。

(8) 若採用兩組光耦合器配合相位差 $\frac{1}{2}l$ 的光罩，則由兩組輸出波形的相位，可得知位移方向。待測物左移時 A 組領先 B 組 90°，右移時 A 組則落後 B 組 90°，如圖 6-10 所示。

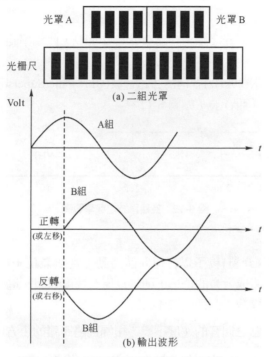

圖 6-10　以二組光罩之相位判知位移方向[15]

(9) 圖 6-11 為一個應用實例。

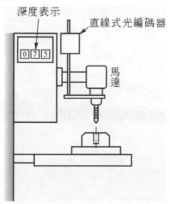

圖 6-11　直軸編碼器之應用實例[15]

■ 6.2-4　超音波測距

1. 何謂超音波

   (1) 人的聲帶所能發出之頻率約為 360Hz～3.6kHz，此頻率範圍稱為「聲頻(Voice Frequency)」。

   (2) 人的耳朵所能察覺之頻率約為 20Hz～20kHz，此頻率範圍稱為「音頻(Sound Frequency)」。

   (3) 高於音頻上限(20kHz)者稱為「超音波(Ultrasonic/Supersonic)」，低於音頻下限者則稱為「亞音」；如圖 6-12。

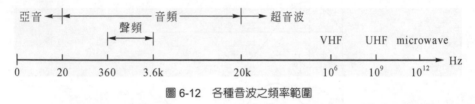

圖 6-12　各種音波之頻率範圍

2. 原理

   (1) 音波使空氣(介質)粒子以音速向前運動，當空氣粒子撞擊結構緊密的表面時，因無法造成對方的位移，則將以原有速度彈回。這些回彈的粒子同樣以音速向四週擴散，此即回音(Echo)。

   (2) 傳回原發射點之回音的速度不變，振幅則隨距離的平方關係衰減。$P \propto \dfrac{1}{D^2}$

   (3) 從發射到接收到回音所需的時間(ΔT)乘以波速(C)即為音波所走的距離，其值的一半即為待測距離。

$$D = \frac{\Delta T \times C}{2}$$

3. 特性

   (1) 於不同介質中，音波的速度亦不相同。各種介質中的音波波速如表 6-1 所示。

   (2) 音波於大氣中之傳送速度與氣壓、氣溫、濕度均有關係。而於一大氣壓下波速之計算公式為

$$C = 20 \times \sqrt{T} \quad \text{(m/s)} \tag{6.1}$$

T：大氣溫度，以凱爾文溫標(K)為單位。

表 6-1　音波於各種介質中之波速[7]　　　　　　　　單位：m/s

固體(Solid)	20℃	液體(Liquid)	25℃	氣體(Gas)	0℃
花岡石	6000	海水(3.6%)	1533	氫氣	1270
鐵	5130	清水	1493	水蒸汽(100℃)	405
鋁	5100	水銀	1450	氮氣	339.3
紅銅	3750	煤油	1315	空氣	331.5
透明樹脂	1840			氧氣	317.2
鉛	1230				

(3) 因為波速(C) = 波長(λ)×頻率(f)，故使用高頻之音波可提高量測的解析度 (Resolution)。此為使用超音波而不使用音頻測距的原因之一。一般經常使用之超音波頻率為 40kHz，其解析度為：

$$\lambda = \frac{c}{f} = \frac{340000}{40000} = 8.5 \text{ (mm)} \qquad (T = 16℃ = 289K)$$

(4) 因超音波不在音頻範圍，故量測時並不發生噪音，此為使用超音波的另一原因。

■ 6.2-5　高速位移之量測

物體若以高速移動，欲觀察其行進軌跡或位移變化，則需將時間放慢，以慢動作 (Slow Motion)方式觀察之。

1. 閃光測頻儀

高速運動之物體，如自由落體(Free Falling Body)，可藉閃光測頻儀(或稱閃光同步儀)觀察其單位時間內之位移量。如圖 6-13 所示。

(1) 閃光測頻儀之閃光頻率可自由設定，其範圍約為 90 ppm～12000 ppm(視廠牌及型號而定)。

(2) 將閃光測頻儀架設於暗室中，以設定於 B 快門之照相機拍攝待測物之運動過程，則底片(Film)上出現相鄰待測物間之時間間隔即為閃光測頻儀設定之閃光時間間隔。

(3) 以閃光測頻儀照射貼有反光條(或其他記號)之旋轉物體，調整測頻儀之閃光頻率，由低頻漸次增加，觀察待測物之運動情形，當待測物出現「似靜止」狀態時之閃光頻率即為待測物之旋轉頻率(兩者同步)。故閃光測頻儀亦稱閃頻同步儀，可測頻。

(a) 外觀

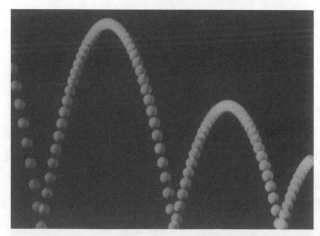

(b) 以測頻儀拍攝一彈跳球之運動情形
(水平位移相等但高度遞減) [24]

圖 6-13　閃光測頻儀及攝得圖形

(c) 以測頻儀拍攝之自由落體運動情形
(相同時間內，位移漸增)[24]

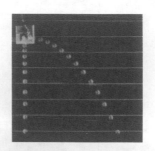

(d) 以測頻儀拍攝之自由落體與水平彈
射體運動情形(垂直位移相同)[24]

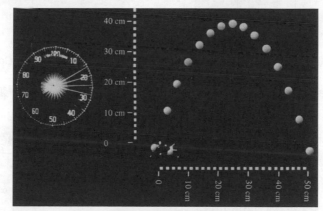

(e) 以測頻儀觀察極短時間內
運動體之水平與垂直位移[28]

圖 6-13　閃光測頻儀及攝得圖形(續)

2. 高速攝影機(High Speed Camera)

(1) 閃光測頻儀必須於暗室中方可發揮量測功能，使用上有其限制。故高速運動物體之觀察，如飛彈發射過程，或飛機投彈、掛載拋投(Store Seperation)等，則高速攝影機是較佳的裝置。其最主要功能乃是將時間分割成極短，即時間凍結(Time Frozen)。故又分成：

① 高速拍片。

② 短暫曝光兩種方式。

(2) 通常高速攝影機體積都不大，方便安裝於待測物之上，如飛機、汽車等。如圖 6-14 所示。

圖 6-14　高速攝影機(本圖取材自美國 Photo-Sonic 公司出品之 16mm-1VN Camera 型錄)

(3) 拍片率(Frame Rate)可從 1 至 500 FPS(Frame Per Second)，詳細規格請參考附錄三。

(4) 內部附有計時系統，可將時間依一定的格式(如七節燈管、BCD 碼等)曝光於底片邊緣，如此可方便判讀極短時間內待測物的變化。如圖 6-15 所示。

(5) 圖 6-16 即為以高速攝影技巧，觀察砲彈運動情形之例子。該砲彈速度約為 1250m/s，曝光時間為 $0.13\mu s$。

Formats

Seven-Segment

Direct readout is available with the seven-segment numeric recording head. Images are always sharp because the FDRS uses direct contact with film, optical reduction is not required as in other systems. In the example, up to ten numerics can be printed between sprocket holes in or out of the picture area (16mm film).

Binary Coded Decimal (BCD)

A sample of the BCD format is shown as printed on 16mm film. Time is read by adding the numbers horizontally. Any number from 1 to 9 can be formed by combinations of the 8-4-2-1 code. Decimal "0" is presented as a blank line.

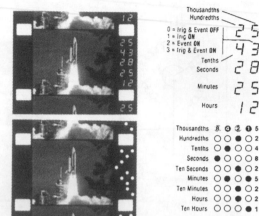

圖 6-15　高速攝影機於底片上之時間標示(本圖取材自美國 Photo-Sonic 公司之型錄)

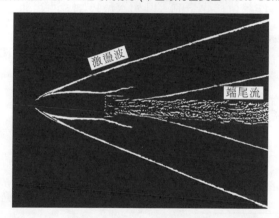

圖 6-16　以短暫曝光技巧，觀察砲彈運動之情形[1]

6.3　角位移感測器

■ 6.3-1　角度電位計(Angular Potentiometer)

1. 角度電位計，或稱「旋轉電位計(Rotating Potentiometer)」，係將電阻絲繞成圓形(單圈或數圈)，兩端通以激勵電壓後，由碳刷作成之滑帚在其上滑動，形成分壓電路。待測物帶動滑帚，於不同旋轉角度(θ)下取出不同電壓(V_{out})，由輸出電壓即可知待測物之角位移量(θ)。如圖 6-17 所示。

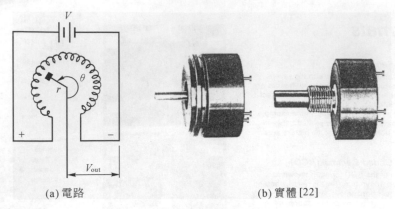

(a) 電路　　　　　　　　　　　(b) 實體 [22]

圖 6-17　角度電位計[15]

2. 輸出阻抗匹配之考慮同直線電位計。

3. 經輔助機構亦可作線位移之量測，例如水位控制、油箱油量指示等，如圖 6-18
所示。

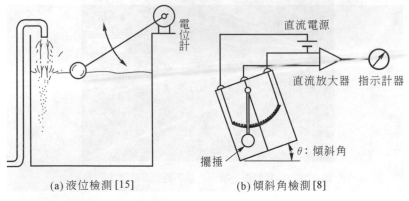

(a) 液位檢測 [15]　　　　　　　　(b) 傾斜角檢測 [8]

圖 6-18　角度電位計之應用

4. 若積算時間，則可作角速度之量測。

$$\omega = \frac{\theta}{t} \tag{6.2}$$

■ 6.3-2　圓盤式編碼器(Rotary Encoder)

1. 原理同直軸式編碼器，惟將發光元件與受光元件中間之編碼器改成圓盤狀，由旋
轉之待測物帶動。如圖 6-19 所示。

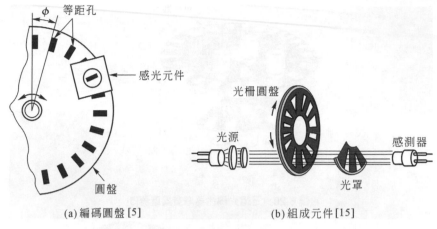

(a) 編碼圓盤 [5]　　　　　　　　(b) 組成元件 [15]

圖 6-19　圓盤式編碼器

2. 角位移量(θ)等於兩孔間夾角(ϕ)乘以脈波數(P)。

$$\theta = \phi \times P \tag{6.3}$$

3. 因其輸出為脈波，故亦可計頻。若積算時間則可作角速度之量測。

4. 在圓盤與受光元件間可加一光罩，以降低光線之散射。

5. 又分為增量式及絕對式

  (1)　增量式

    ①　僅量測由某一點開始，至終點位置之相對位移量(增量)，而不考慮其相對於絕對座標的位移變化，亦即當電源中斷後即無法知道原來的起始點位置，需重新設定一起始點。

    ②　若多加一組相位差(Phase Difference)90°之光耦合器，由兩組間之相位可判知正反轉，如圖 6-10 所示。

    ③　編碼圓盤每旋轉一圈則第三組光耦合器可得一脈波，故第三組光耦合器係用來進位或計數轉數(rpm)，如圖 6-20 所示。

  (2)　絕對式

    ①　因每一位置均有特定編碼，故可量測任一位置至基準零點間之位移，如圖 6-21。

    ②　其解析度由位元數(bit-n，亦即光耦合器之組數)來決定。例一個 8bit 的編碼器，其解析度為 $\dfrac{360°}{2^n} = \dfrac{360°}{2^8} = 1.4°$。

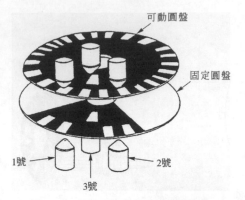

圖 6-20　三組光耦合器增量編碼器[5]

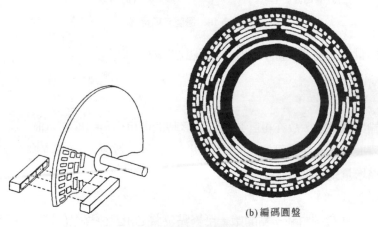

(b) 編碼圓盤

圖 6-21　絕對式編碼器[5]

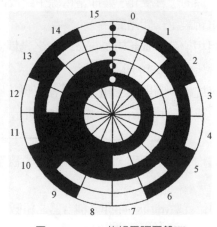

圖 6-22　4-bit 的格雷碼圓盤[5]

③　有 BCD、Gray、Binary 等不同編碼方式。圖 6-22 為一個 4 bit 的 Gray Code 編碼圓盤。

6. 若待測角度很小，可以齒輪機構將角度放大，量測小齒輪之角位移，再推算待測位移。

7. 應用實例如圖 6-23 所示。

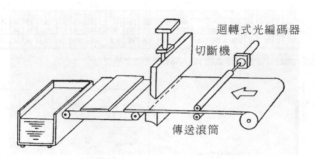

迴轉式光編碼器

切斷機

傳送滾筒

圖 6-23　圓盤式編碼器之應用實例[15]

■ 6.3-3　同步器(Syncho)

1. 何謂同步器
   (1) 同步器是一旋轉裝置，其輸出電壓與其轉子之角位移間成一定之關係，故可作角位移量度之用。角位移在 360° 以下的該型裝置則稱為「解角器(Resolver)」。
   (2) 因其構造堅實，可工作於惡劣環境之中，且其可靠度高，故於工業設備、武器系統、飛機船舶、導航系統中均被普遍使用。
   (3) 其外形及相關規格如圖 6-24 所示。

2. 原理
   應用變壓器的原理，初級側通以交流電壓，次級側則感應電壓輸出。如圖 6-25。

$$V_2 = \left(\frac{N_2}{N_1}\right)V_1 = KV_1$$

SIZE 5 - 400 Hz SYNCHROS

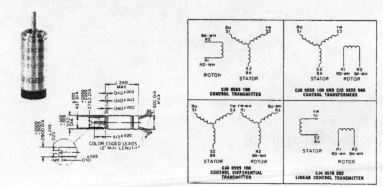

TYPE	PART NUMBER	PRIMARY	INPUT VOLTAGE (volts)	INPUT CURRENT (mA) (max.)	INPUT POWER (watts) (nom.)	INPUT IMPEDANCE (ohms) (output open circuit)	OUTPUT IMPEDANCE (ohms) (input open circuit)	DC ROTOR RESISTANCE ±15% (ohms)	DC STATOR RESISTANCE ±15% (ohms)	OUTPUT VOLTAGE (volts)	TRANSFORMATION RATIO	SENSITIVITY (mV/degree)	PHASE SHIFT (°)	TOTAL NULL VOLTAGE (mV) (max.)	FUNDAMENTAL NULL VOLTAGE (mV) (max.)	MAX. ERROR FROM E.Z. (minutes)	FRICTION @ 25°C (gm cm)	ROTOR MOMENT OF INERTIA (gm cm²)	WEIGHT (oz.)
CX	CJO 0565 100	R	26	58	.5	532∠72°	99/62°	125	45	11.8	.454±4%	206	14	40	30	10	3	.50	.90
CDX	CJO 0595 100	S	11.8	45	.127	295∠72°	375∠70°	131	88	11.8	1.154±4%	206	13	50	34	10	3	.50	.90
CT	CJO 0555 100	S	11.8	40	.127	290∠72°	1085∠74°	220	90	18	1.765±4%	31	13.7	50	34	10	3	.50	.90
CT	CJO 0555 900	S	11.8	18	.0418	660∠74°	2520∠74°	470	166	18	1.765±4%	31	11.5	50	34	10	3	.50	.90
Linear CX	CJ4 0516 002	R	26	61	.436	492∠71.6°	72.4∠56.4°	125	36	7.98	.307±.009	133	17	40	—	36	3	.50	.90

Operating temperature range for all units is −55°C to +125°C.
For CJ4 0516 002, linearity is 1.0% max. and maximum linear range is ±60°. Rated test load for this unit is 25K ohms.
BuWeps units also available are 26V 05CX4a, 26V 05CT4a, and 26V 05CDX4a.

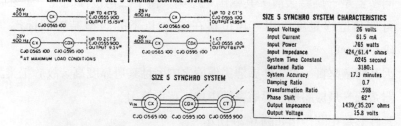

LIMITING LOADS IN SIZE 5 SYNCHRO CONTROL SYSTEMS

SIZE 5 SYNCHRO SYSTEM CHARACTERISTICS	
Input Voltage	26 volts
Input Current	61.5 mA
Input Power	.765 watts
Input Impedance	424∠61.4° ohms
System Time Constant	.0245 second
Gearhead Ratio	3180:1
System Accuracy	17.3 minutes
Damping Ratio	0.7
Transformation Ratio	.598
Phase Shift	62°
Output Impeoance	1439∠35.20° ohms
Output Voltage	15.8 volts

SIZE 5 SYNCHRO SYSTEM

(a) 5號同步器規格

圖 6-24　同步器之外形及規格(本圖取材自美國 SINGER 公司之型錄)

SIZE -400 Hz SYNCHROS

TYPE	PART NUMBER	PRIMARY	INPUT VOLTAGE (volts)	INPUT CURRENT (mA) (max.)	INPUT POWER (watts) (nom.)	INPUT IMPEDANCE (ohms) (output open circuit)	OUTPUT IMPEDANCE (ohms) (input open circuit)	DC ROTOR RESISTANCE ±15% (ohms)	DC STATOR RESISTANCE ±15% (ohms)	OUTPUT VOLTAGE (volts)	TRANSFORMATION RATIO	SENSITIVITY (mV/degree)	PHASE SHIFT (°)	TOTAL NULL VOLTAGE (mV) (max.) ±5' ACCURACY	±7' ACCURACY	±10' ACCURACY	FUNDAMENTAL NULL VOLTAGE (mV) (max.)	MAX. ERROR FROM E.Z. (minutes) (max.)	FRICTION @ 25°C (gm cm)	ROTOR MOMENT OF INERTIA (gm cm²)	WEIGHT (oz.) (max.)
CX	CMO 1014 10 □	R	26	113	.54	54+j260	12+j45	37	12	11.8	.454±.014	206	8.5	20	30	30	—	*	4	.82	1.7
	CMO 1014 20 □	R	115	31.9	.8	950+j3850	10+j36	700	10.4	11.8	1.026±.0031	206	11	75	75	75	—	*	4	.82	1.7
	CMO 1014 70 □	R	26	.92	31+j150	7.3+j26	24	7.5	11.8	.454±.014	206	9	20	30	30	—	*	4	.82	1.7
	CMO 1019 10 □**	R	26	53	.29	128+j555	34+j106	96.5	36.6	11.8	.454±.014	206	9.5	20	30	30	—	*	6	0.6	1.2
	CMO 1019 70 □**	R	26	85	.40	80+j345	22.5+j61	63	25	11.8	.454±.014	206	10.5	20	20	30	—	*	6	0.6	1.2
	26V 08 CX 4c	R	26	153	.7	192 ∠79°	39.3 ∠70.5°			11.8	.454±.009	206	8.5	—	30	—	20	7	4	.82	1.7
TX	CM4 1014 018	R	26	130	.54	37+j224	9+j36	27	10	11.8	.454±.014	206	8.5	—	30	—	—	7	4	.82	1.7
CDX	CMO 1044 10 □	S	11.8	100	.21	28+j114	38+j122	36	24	11.5	1.127±.034	201	8	20	30	30	—	*	4	.82	1.7
	CMO 1044 70 □	S	11.8	35	.07	74+j337	100+j384	100	68	11.8	1.154±.034	206	8	20	30	30	—	*	4	.82	1.7
	CMO 1049 10 □**	S	11.8	45	.1	65+j250	90+j297	83	60	11.8	1.154±.035	206	9.5	20	20	30	—	*	6	0.6	1.2
	CMO 1049 70 □**	S	11.8	32	.08	105+j350	130+j410	140	105	11.8	1.154±.035	206	12.5	20	20	30	—	*	6	0.6	1.2
	26V 08 CDX 4c	S	11.8	108	.24	107.5 ∠76.5°	123 ∠75°			11.8	1.154±.035	206	9.5	—	30	—	20	7	3	.82	1.7
CT	CMO 1004 10 □	S	11.8	100	.21	28+j114	210+j690	143	24	23.5	2.304±.069	411	8	30	30	50	4	*	4	.82	1.7
	CMO 1004 80 □	S	11.8	18	.035	145+j640	720+j3550	440	124	22.5	2.203±.066	393	8.5	30	30	50	4	*	4	.82	1.7
	CMO 1004 90 □	S	11.8	35	.073	81+j330	470+j1770	365	64	22.5	2.203±.066	393	7.5	30	30	50	4	*	4	.82	1.7
	CMO 1004 10 **	S	11.8	10	.017	250+j1170	1350+j6600			22.5	2.203±.066	393	7.5	30	30	50	4	*	4	.82	1.7
	CMO 1009 90 □**	S	11.8	32	.082	105+j350	545+j1950	400	105	22.5	2.203±.066	393	12.5	30	30	50	4	*	6	0.6	1.2
	CMO 1009 80 □**	S	11.8	21	.051	155+j550	820+j3160	595	155	22.5	2.203±.066	393	11.8	30	30	50	4	*	6	0.6	1.2
	CMO 1009 70 □**	S	11.8	13	.029	230+j870	1360+j4930	900	200	22.5	2.203±.066	393	8	30	30	50	4	*	6	0.6	1.2
	26V 08 CT 4c	S	11.8	23	.044	507 ∠78.5°	2820 ∠76.6°			22.5	2.203±.044	393	8	—	30	—	25	7	3	.82	1.7
TR	CMO 1024 108	R	26	130	.54	37+j224	9+j36	27	10	11.8	.454±.014	206	8	—	30	—	—	—	1	.82	1.7
	CM4 1024 006	R	115	29	.8	3965 ∠76.1°	37.4 ∠74.5°	700	10.4	11.8	1.026±.0031	206	11	—	—	—	—	—	1	.81	1.75
	CM4 1024 007	R	26	200	1.1	32+j150	7.3+j26.2	700	24	7.5	11.8	.454±.014	206	9	—	—	—	—	—	1	.81	1.75
Linear CX	CMO 1016 108	S	26	36	.133	930 ∠79.4°	1480 ∠80.9°	141	100	29.6	1.138±.034	348	8	—	20	—	12	12.75	4	.82	1.7
	CM4 1016 016	R	115	17	.336	1400+j7300	25+j79	880	20	10	.0869±.0026	200	6.8	—	15	—	10	15	4	.82	1.7
	CM4 1016 011	R	26	84	.465	310 ∠77.7°	518 ∠77.1°	47	100	17.9	.6900±.0069	358.8	9.5	—	20	—	20	15	3	.82	1.6

*5, 7, or 10. To order a 5, 7, or 10 minute unit, end unit's part number with either 5, 7, or 0, e.g., CMO 1004 105, CMO 1004 107, or CMO 1004 100.
**Short-length unit.
All units have an operating temperature range of −55°C to +125°C except CM4 1016 011 which is −55°C to +150°C. Units are also available for operation at +200°C.
CMO 1024 108, CM4 1024 006, and CM4 1024 007 have minimum torque gradients of 2000 mg-mm/°, 1900 mg-mm/°, and 2950 mg-mm/° respectively, and static accuracy spread of 1°.
Linearity for CMO 1016 108 is .25% max. Maximum linear range for CMO 1016 108 is ±85°.
Linearity for CMO 1016 016 and CM4 1016 011 is .5% max. Maximum linear range for CMO 1016 016 and CM4 1016 011 is ±50°.
Rated test load for CMO 1016 108 and CM4 1016 016 is 100K ohms and 10K ohms respectively.

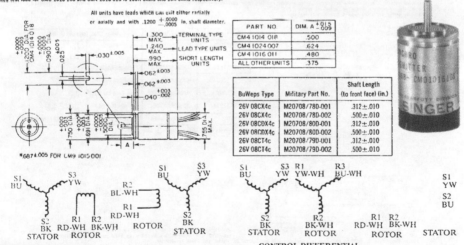

All units have leads which can exit either radially or axially and with .1200 +.0000 −.0005 in. shaft diameter.

PART NO.	DIM. A +.015 −.009
CM4 1014 018	.500
CM4 1024 007	.624
CM4 1016 011	.480
ALL OTHER UNITS	.375

BuWeps Type	Military Part No.	Shaft Length (to front face) (in.)
26V 08CX4c	M20708/78D-001	.312±.010
26V 08CX4c	M20708/78D-002	.500±.010
26V 08CDX4c	M20708/80D-001	.312±.010
26V 08CDX4c	M20708/80D-002	.500±.010
26V 08CT4c	M20708/79D-001	.312±.010
26V 08CT4c	M20708/79D-002	.500±.010

CONTROL TRANSFORMERS (CT) TRANSMITTERS & REPEATERS CONTROL DIFFERENTIAL TRANSMITTERS (CDX) LINEAR TRANSMITTERS

(b) 8號同步器規格

圖 6-24　同步器之外形及規格(本圖取材自美國 SINGER 公司之型錄)(續)

SIZE 11-60 AND 400 Hz SYNCHROS

TYPE	PART NUMBER	PRIMARY	INPUT VOLTAGE (volts)	INPUT CURRENT (mA.) (max.)	INPUT POWER (watts) (nom.)	INPUT IMPEDANCE (ohms) (output open circuit)	OUTPUT IMPEDANCE (ohms) (input open circuit)	DC ROTOR RESISTANCE ±15% (ohms)	DC STATOR RESISTANCE ±15% (ohms)	OUTPUT VOLTAGE (volts)	TRANSFORMATION RATIO	SENSITIVITY (mV/degree)	PHASE SHIFT (°)	TOTAL NULL VOLTAGE (mV) (max.)	FUNDAMENTAL NULL VOLTAGE (mV) (max.)	MAX. ERROR FROM E.Z. (minutes) (max.)	FRICTION @ 25°C (gm cm)	ROTOR MOMENT OF INERTIA (gm cm²)	WEIGHT (oz.)
CX	RS911-1	R	26	280	.95	107∠81.7°	18.1∠79.5°	9	3	11.8	.454±4%	206	5	26	17	*	4	2	4
	RS911-4	R	26	90	.30	359∠81.3°	60∠78.5°	28.5	10.5	11.8	.454±4%	206	4.7	26	17	*	4	2	4
	RS911-7	R	26	136	.45	236∠81°	40∠78.5°	19	5.75	11.8	.454±4%	206		26	17	*	4	2	4
	RS911-2	R	115	60	.80	2210∠82.3°	1130∠81.3°	159	137	90	.783±4%	1570	6	94	59	*	4	2	4
	RS911-3	R	115	50	.97	2598∠81.8°	60∠78.5°	218	10.5	18.2	.158±4%	318	5	42	26	*	4	2	4
	RS911-5	R	115	30	.44	4670∠81.1°	2510∠79.3°	320	318	90	.783±4%	1570	5	94	59	*	4	2	4
	RS911-6	R	115	70	1.03	2060∠80.8°	18.1∠79.5°	160	3	11.8	.103±4%	206	5.6	26	17	*	4	2	4
	26V 11 CX 4c	R	26	130	.37	244∠82.3°	41.4∠82°	—		11.8	.454±.009	206	4.25	19	12	7	5	2	4.7
	11 CX 4e	R	115	31	.49	4210∠82°	2170∠78.2°	—		90	.783±2%	1571	4.5	75	45	7	5	2	4.7
	R911-03**	R	6.3	195	.58	22+j33	4.8+j5.5	—		2.5	.398±4%	45		31	18	12	4	2	4.7
TX	26V 11 TX 4c	R	26	280	1.0	106.1∠83.1°	18.5∠79.5°	—		11.8	.454±.009	206	4			7	5	2	4.7
CDX	RS941-1	S	11.8	165	.25	74.3∠79.7°	86∠77.1°	17	10.5	11.8	1.154±4%	206	6	26	17	*	4	2	4
	RS941-4	S	11.8	65	.097	195∠80.8°	231.2∠76.7°	49	21	11.8	1.154±4%	206	7.4	26	17	*	4	2	4
	RS941-2	S	90	60	.6	1640∠80.7°	1990∠77.3°	385	195	90	1.154±4%	1570	4.7	94	59	*	4	2	4
	26V 11 CDX 4c	S	11.8	150	.25	76.5∠79.5°	88.3∠77.3°	—		11.8	1.154±.023	206	6	26	17	7	5	2	4.7
	11 CDX 4b	S	90	49	.53	1820∠82°	2165∠78°	—		90	1.154±2%	1571	4	90	60	7	5	2	4.7
	R941-03**	S	2.4	80	.075	17+j30	37+j35.2	—		2	.980±4%	35		18	12	10	4	2	4
CT	RS901-1	S	11.8	165	.25	74.3∠79.7°	418∠78.3°	54	10.5	22.5	2.203±4%	393	6	53	34	*	4	2	4
	RS901-3	S	11.8	21	.03	577∠80.7°	3340∠79.2°	385	60	22.5	2.203±4%	393	4.2	40	30	*	4	2	4
	RS901-2	S	90	20	.18	5470∠80.8°	3340∠79.2°	385	555	57.3	.735±4%	1000	4.5	94	59	*	4	2	4
	26V 11 CT 4d	S	11.8	86	.142	131∠79.7°	704∠79.8°	—		22.5	2.203±.044	393	4.7	18	15	7	5	2	4.7
	11 CT 4e	S	90	18	.20	5025∠80.4°	3370∠80.36°	—		57.3	.735±.015	1000	5	60	32	7	5	2	4.7
	R901-03**	S	2.4	25	.02	49+j90	400+j500	—		4	1.90±4%	70		26	25	15	*	4	2	4

* Available with 5, 7, or 10 minute accuracies. When ordering, preface basic part number with accuracy required e.g., for a 7 minute RS911-1, order 7RS911-1. 10 minute components require no numerical prefix.

** 60 hertz units. All others have a frequency of 400 Hz.

BuWeps Type	Military Part No.	Pinion Shaft Data (All Units)†	
26V 11CX4c	M20708/8C-001	No. of Teeth	21
11CX4e	M20708/2C-001	Diametral Pitch	120
26V 11TX4c	M20708/6D-001	Pressure Angle (°)	20
26V 11CDX4c	M20708/9C-001	Std. Pitch Dia. (in.)	.175 +.000 -.002
11CDX4b	M20708/81C-001	Max. Root Dia. (in.)	.155
26V 11CT4d	M20708/7C-001	Outside Dia. (in.)	.1872 +.0000 -.0005
11CT4e	M20708/1D-001	Tooth Form	Full Depth Involute

† Shaft length on all units is .555 in. to stop on shaft

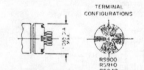

TERMINAL CONFIGURATIONS

RS900
RS910
RS930

RS901, RS911, and RS941 units are supplied with leads. Identical units equipped with terminals are identified by basic part numbers RS900, RS910, and RS940 respectively.

Outline dimensions for Bu/Weps units are in accordance with MIL-S-20708.

(c) 11號同步器規格

圖 6-24 同步器之外形及規格(本圖取材自美國 SINGER 公司之型錄)(續)

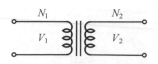

V_1　：輸入電壓
V_2　：輸出電壓
N_1　：初級側線圈圈數
N_2　：次級側線圈圈數

圖 6-25　變壓器原理

3. 構造

(1) 初級側為轉子(Rotor)，與待測物相連，轉子線圈通以輸入電壓 $e_r(t) = E_r \sin\omega t$。

(2) 次級側為定子(Stator)，為在空間中互成 120°之三組線圈(S_1，S_2，S_3)。

(3) 其構造如圖 6-26 所示。

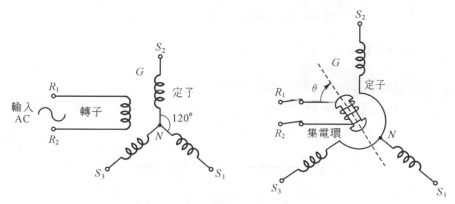

圖 6-26　同步器之轉子與定子[17]

4. 動作

(1) 轉動轉子，使其與某一定子平行(此處選擇 S_2)，此時則 S_2 與 N (Neutral)點間
電壓最大，而 S_1 對 N 點之電壓與 S_3 對 N 點之電壓相同，亦即 S_1 與 S_3 間電壓
為零，定義此時轉子位置為「零點(Electrical Zero)」，轉子角位移 $\theta = 0°$，如
圖 6-27 所示。設定子線圈圈數(N_s)與轉子線圈圈數(N_r)之比值為 K，即 $\dfrac{N_s}{N_r} = K$。

則 $e_{s2,N}(t) = KE_r \sin\omega t$

而 $e_{s3,N}(t) = K(E_r \cos 120°)\sin\omega t = -\,0.5KE_r \sin\omega t$

$\quad e_{s1,N}(t) = K(E_r \cos 240°)\sin\omega t = -\,0.5KE_r \sin\omega t$

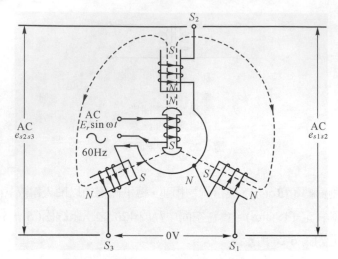

圖 6-27　同步器三定子間感應電壓之關係

(2)　當轉子轉動 θ 角，如圖 6-28，則

$$e_{s2,N}(t) = K(E_r \cos\theta)\sin\omega t = E_{s2,N}\sin\omega t$$

$$e_{s3,N}(t) = K\left[E_r \cos(120° - \theta)\right]\sin\omega t = E_{s3,N}\sin\omega t$$

$$e_{s1,N}(t) = K\left[E_r \cos(240° - \theta)\right]\sin\omega t = E_{s1,N}\sin\omega t$$

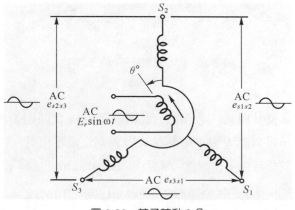

圖 6-28　轉子轉動 θ 角

故定子線圈之線電壓則為(因電壓頻率始終不變，故僅計算振幅部分)

$$E_{s1s2} = E_{s1,N} - E_{s2,N} = \sqrt{3}\,KE_r \sin(240° + \theta)$$
$$E_{s2s3} = E_{s2,N} - E_{s3,N} = \sqrt{3}\,KE_r \sin(120° + \theta)$$
$$E_{s3s1} = E_{s3,N} - E_{s1,N} = \sqrt{3}\,KE_r \sin\theta \tag{6.4}$$

由(6.4)式可得轉子角位移

$$\theta = \sin^{-1} \frac{E_{s3s1}}{\sqrt{3}KE_r} \tag{6.5}$$

定子線圈各線電壓間之相位關係，如圖 6-29 所示。

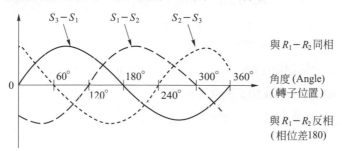

圖 6-29　各線電壓與轉子電壓間之相位關係[17]

5. 以輸出而言同步器可分成二類

  (1)　轉矩同步器(Torque Synchro)：輸出為機械力，直接驅動較輕的負載，如錶頭或指示器。

  (2)　控制同步器(Control Synchro)：輸出為電氣信號，與伺服系統搭配，驅動較重負載。

6. 以功能而言同步器可分成七種

  (1)　轉矩傳送器(Torque Transmitter，TX)

    ①　輸入(轉子)：以待測物驅動轉子(輸入轉矩)。

    ②　輸出(定子)：為電氣信號，可送至

      a. TR

      b. TDX→TDR

      c. TDR

(2) 控制傳送器(Control Transmitter，CX)

① 輸入(轉子)：以待測物驅動轉子(輸入轉矩)。

② 輸出(定子)：為一電氣信號，可送至

　　a. CT

　　b. CDX→CT

(3) 轉矩差動傳送器(Torque Differential Transmitter，TDX)

① 輸入(定子)：為由 TX 而來的電氣信號。

② 輸出(轉子)

　　a. 其角度即為一差動值。

　　b. 其電氣信號可送至

　　　(I) TR

　　　(II) TDX→TR

(4) 控制差動傳送器(Control Differential Transmitter，CDX)

① 輸入(定子)：由 CX 而來的電氣信號。

② 輸出(轉子)：為一電氣信號，可送至

　　a. CT

　　b. CDX→CT

(5) 轉矩接收器(Torque Receiver，TR)

① 輸入(定子)：由 TX 或 TDX 而來的電氣信號。

② 輸出(轉子)

　　a. 為一轉矩，通常用以驅動指示器等輕負載。

　　b. 其轉動角度隨輸入而變化。

(6) 轉矩差動接收器(Torque Differential Receiver，TDR)

① 輸入：其轉子與定子均接受電氣信號輸入，此輸入信號可由 TX 或 TDX 而來。

② 輸出(轉子)

　　a. 為一轉矩。

　　b. 其轉動角度隨二輸入信號之差值而變化。

(7)　控制變壓器(Control Transformer，CT)

　　①　輸入(定子)：由 CX 或 CDX 而來的電氣信號。

　　②　輸出(轉子)：

　　　　a. 為一電氣信號(Rotor 亦隨輸入而轉動)。

　　　　b. 此電氣信號送至伺服機構，以驅動較重負載。

7.　以工作頻率而言，可區分為二種

(1)　60Hz。

(2)　400Hz。

　　若以相同功率來比較，400Hz 之體積較小。故空用系統(Airborne System)多用 400Hz
之電源及元件。

8.　各型同步器的符號

(1)　傳送器、接收器及控制變壓器之符號相同，如圖 6-30 所示。

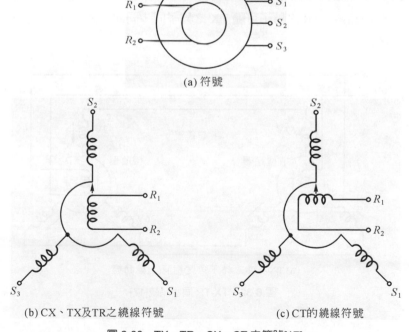

(a) 符號

(b) CX、TX及TR之繞線符號　　　　(c) CT的繞線符號

圖 6-30　TX、TR、CX、CT 之符號[17]

(2) 差動器之符號如圖 6-31 所示。

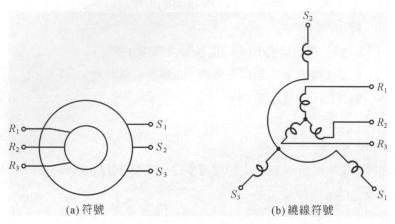

(a) 符號　　　　　　　　　(b) 繞線符號

圖 6-31　TDX、CDX、TDR 的符號[17]

9. 同步系統

數個不同功能之同步器，可依需要組合成不同用途之同步系統，舉例如下：

(1) TX-TR 系統：TR 之轉子可隨 TX 之轉子同步同向轉動或反向轉動，如圖 6-32 所示。

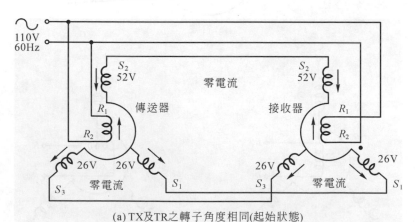

(a) TX及TR之轉子角度相同(起始狀態)

圖 6-32　TX-TR 同步系統[17]

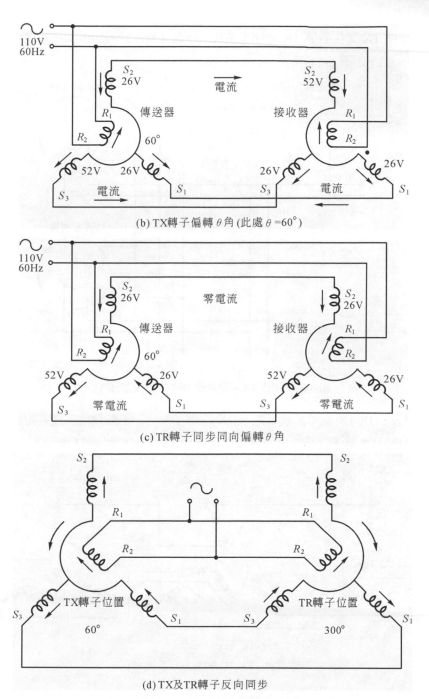

(b) TX轉子偏轉 θ 角 (此處 θ =60°)

(c) TR轉子同步同向偏轉 θ 角

(d) TX及TR轉子反向同步

圖 6-32　TX-TR 同步系統[17] (續)

(2) 一個 TX 並接數個 TR 之同步系統：一個 TX(信號源)可同時驅動數個 TR(指示器)，如圖 6-33 所示。

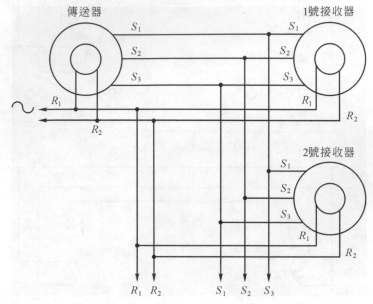

圖 6-33　一個 TX 驅動數個 TR 之同步系統[17]

(3) TX-TDX-TR 同步系統可以 TDX 之轉子設定一差動角度，使其相加於(或相減於)TX 轉子之角度後，將差值顯示於 TR 上，如圖 6-34 所示。

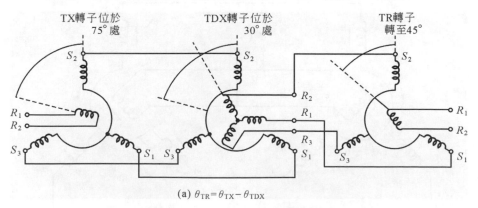

(a) $\theta_{TR} = \theta_{TX} - \theta_{TDX}$

圖 6-34　TX-TDX-TR 同步系統[17]

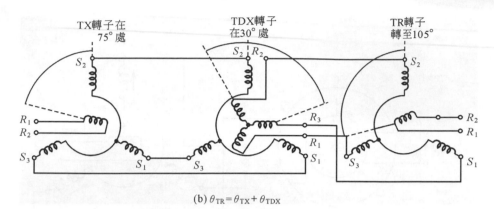

(b) $\theta_{TR} = \theta_{TX} + \theta_{TDX}$

圖 6-34　TX-TDX-TR 同步系統[17] (續)

(4)　TX-TDR-TX 同步系統

一個 TDR 之轉子及定子之輸入信號，分別由兩個 TX 之定子提供，則 TDR 轉子之偏轉角度即為二 TX 轉子角度之差(或和)，如圖 6-35 所示。

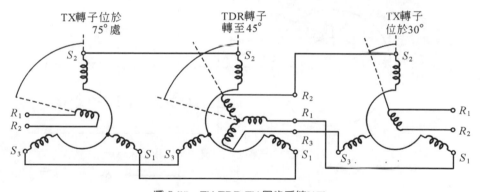

圖 6-35　TX-TDR-TX 同步系統[17]

(5)　控制同步器之同步系統

同轉矩同步器，控制同步器亦可組合成：CX-CT 系統及 CX-CDX-CT 系統等，如圖 6-36 所示。

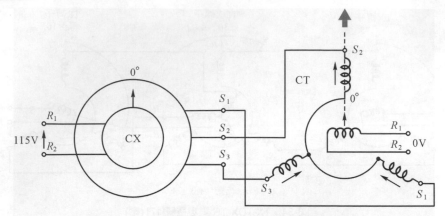

(a) CX與CT轉子均為零度，輸出為零

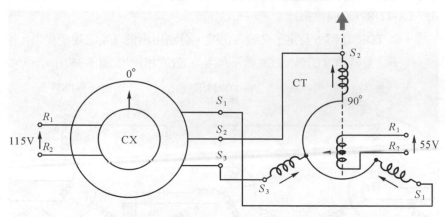

(b) CX轉子零度，CT轉子90°，輸出為55V

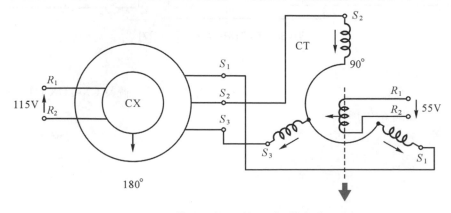

(c) CX轉子180°，CT轉子90°，輸出為-55V

圖 6-36　CX-CT 同步系統[17]

■ 6.3-4　電磁式感測器

1. 電磁式角位移感測器之構造，係將永久磁鐵外部繞以線圈，利用法拉第效應(請參閱本書 5 章 6 節)，當順磁性材料製成之齒輪通過時，則磁通產生變化，以致線圈有感應電壓輸出。如圖 6-37 所示。

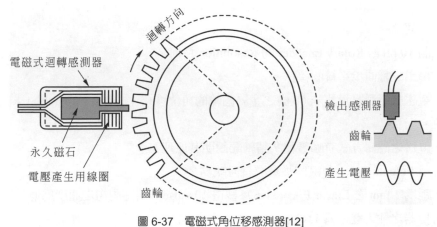

圖 6-37　電磁式角位移感測器[12]

2. 感應電壓經整形電路可變成方波，計數其脈波數則可得知角位移量。

$$\theta = \frac{P}{T} \times 360° \text{ , rpm} = \frac{P_m}{T}$$

θ ：待測角位移量

P ：脈波數

T ：齒輪齒數

P_m：每分鐘之脈波數

3. 解析度：$\text{Resolution} = \dfrac{360°}{T}$ 。

習題

1. 何謂「位移」？分哪二類？其與「距離」有何不同？

2. 以一長 30cm，阻值為 10kΩ 的電位計量測線位移，求 cm/Volt 的 Calibration Equation。設 EXC = 10V。

3. Mile 與 Meter 間如何換算？(至小數點以下第二位)

4. 音速(C)與溫度($°F$)間之關係爲何？

5. 角位移感測器有哪幾種？

6. 編碼器的主要元件有哪些？

7. 設 Synchro 之轉子與 S_1 平行時爲零點，則輸出電壓 E_{s2s3} 與轉子偏轉角度 θ 間之關係爲何？

8. 一個 10 bit 的 Rotary Encoder 的 Resolution 爲何？

9. 請舉出三種同步系統的接法。

10. 以電磁式感測器量測一 60 齒之金屬齒輪的角位移，5 秒鐘內得 20 pulse，求其 rpm 值。

11. 線位移之感測方式有哪幾種？請繪圖說明其原理。

12. 使用 Potentiometer 作線位移量測有何缺點？

13. 孔距爲 1 mm 之 Linear Encoder，每秒得 10 pulse，則待測物之速度爲何？

14. 同步器之輸入電壓爲 110V_{rms}，令轉子與 S_2 平行時爲零點，圈數比值爲 1，當 $\theta = 30°$時，E_{s3s1} 之值爲多少？

15. 在 25°C 下以 50 kHz 之超音波測距，得 $\Delta T = 5sec$，則求

    (1) 與待測物間之距離。

    (2) 此時之 Resolution。

16. 請說明在使用電位計時，如何消除負載的影響？請繪電路圖說明之。

17. 請說明 LVDT 之原理。

18. 何謂「超音波」？

19. 請舉例說明「閃光測頻儀」之用途。

20. 請推導同步器輸出與轉子間之關係。

21. 以功能區分，同步器可分爲哪七種？

22. 請說明電磁式感測器之原理。

速度感測

7.1　速度(Velocity)

1. 定義：單位時間內之位移量。依位移量的不同，又可分為
   (1) 線速度：單位時間內之線位移量，常以 v 表示。
   (2) 角速度：單位時間內之角位移量，常以 ω 表示。
2. 因位移具有方向性，故速度亦有方向性。若只討論大小而不討論方向，則稱「速率(Speed)」。
3. 單位
   (1) 線速度(v)：m/s，kph，mph。
   (2) 角速度(ω)：deg/s，rad/s，rpm(revolution per minute)。

7.2　線速度感測

　　根據速度的定義，可知凡可量度位移之裝置，在積算一定時間之後，即可得速度。是故線位移感測器，如光學尺、直線電位計、LVDT 等應均可量測速度。但上述方法

均為接觸性量測，均須將感測裝置與待測物連接，且可量測之位移量均不大。故使用上有其限制及不方便的地方。

■ 7.2-1　車輛速度之量測與指示

車輛因與地面接觸，輪胎每轉一圈相對於大地的位移量為定值(即為其輪胎的圓周長)，故積算輪胎的角位移量，即可換算成車輛的線速度。其量度方法一般均以齒輪機構及鋼索進行之，鋼索軟軸送來之轉矩在速度錶內被轉換為磁力扭矩以驅動指針，再配合回復彈簧即可由指針指示車輛之瞬時線速度，如圖 7-1 所示。另亦可轉換成電氣信號，以數位方式顯示。

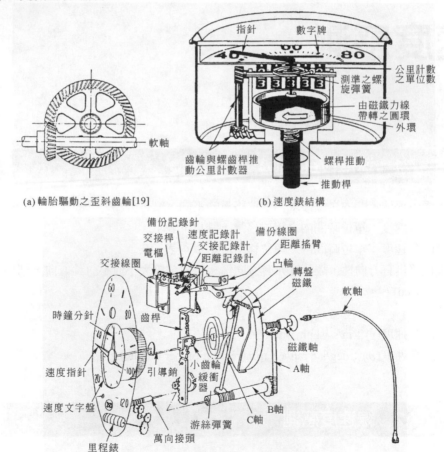

(a) 輪胎驅動之歪斜齒輪[19]　　　　(b) 速度錶結構

(c) 車輛車速及里程指示機構[18]

圖 7-1　車輛車速之量測與指示

■ 7.2-2　飛行器之空速量測

1. 飛行器因不與地面接觸，故無法以前述方法量測其對地之速度(Ground Speed)，須藉氣流之動壓及靜壓等因素，推算其相對空氣之速度，即「空速(Airspeed)」。此量測空速之裝置稱為「空速管(Airspeed Boom)」，又稱為「鼻錐管(Noseboom)」或「動靜壓管(Pilot-Static Tube)」，如圖 7-2 所示。

(a)

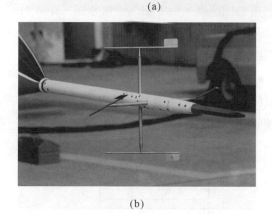

(b)

圖 7-2　飛機空速量測裝置－空速管

2. 圖 7-3 為空速管構造之示意圖，為方便說明，本圖將氣管截斷仰起，實際上則為長直圓管。空速管入口有開孔(A)，係氣流總壓的入口。管壁亦有開孔(G、H)，供靜壓量測用。

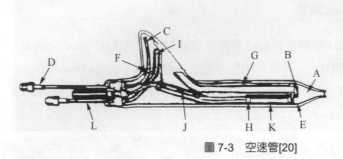

A：氣流入口
B：緩衝板(防止水份進入)
C：凝汽瓣(將水汽凝成水滴)
D：總壓出口(至空速錶)
E、F：排水孔
G、H：靜壓孔
I：靜壓管
J、K：防結冰加熱器
L：靜壓出口(至空速錶)

圖 7-3　空速管[20]

3. 如圖 7-4，距參考面任意高度 h 處，質量 m 之流體具有位能 mgh，當其由參考面等高處流出時，所有的位能轉換成動能，若流體流速為 v，則其動能為 $\frac{1}{2}mv^2$。根據能量不變定律

$$mgh = \frac{1}{2}mv^2 \Rightarrow v = \sqrt{2gh}$$

此處 g 為當地之重力加速度，而 h 稱為速度水頭。由(4.2)式可知

$$v = \sqrt{2gh} = \sqrt{2g\frac{P_T - P_s}{\rho}}$$

故由流體之總壓(P_T)及靜壓(P_s)可導得流體之流速(v)，此即空速管之原理。空速管將量得的氣流總壓及靜壓送至空速錶(係一差壓裝置)，由空速錶顯示空速。

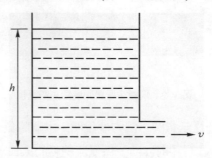

圖 7-4　流體位能轉換成動能

4. 空速管向前伸出之目的，乃為量測未受飛機機身干擾之自由流體(Free Stream)的總壓及靜壓。

5. 空速錶所呈現的速度稱爲「指示空速(Indicated Airspeed，IAS)」，指示空速會受到空速管安裝的位置以及氣流本身的速率及方向(順風(Tailwind)或逆風(Headwind))的影響。如果將指示空速修正因氣流速度以及安裝位置所造成的誤差，可得「校正空速(Calibrated Airspeed，CAS)」，CAS 比 IAS 更接近真實空速。然而指示空速和校正空速都沒有把空氣密度的變化考慮在內，如果再修正了校正空速中因高度及溫度變化所導致的空氣密度差異，則可得到「真實空速(True Airspeed，TAS)」，亦即飛行器對地的速度。

6. 另一種描述飛行器速度的單位爲「馬赫數(Mach Number)」。所謂馬赫指的是真實空速除以當時狀況下的音速，即真實空速與音速的比值。飛行器之馬赫數大於 1 表示飛行器以超音速飛行。但音速值隨氣溫變化而不同，氣溫又隨高度而變化(高度每上升 100 公尺，氣溫約下降 0.6℃)。故飛行器在不同高度時，雖真實空速相同但馬赫數並不相同。同樣的航速在高空爲超音速，在低空很可能變成是次音速。

■ 7.2-3　超音波測速

1. 都卜勒效應(Doppler Effect)
   (1) 當音源(Sound Source)與接收器(Receiver，或稱聽者 Listener)間作相對運動時，接收器所接收到之信號頻率(f_L)，將不等於音源頻率(f_S)，其變化如下：
      ① 當兩者相互接近時，$f_L > f_S$(如站在月台上聽進站火車之汽笛聲)。
      ② 當兩者相互遠離時，$f_L < f_S$(如站在月台上聽離站火車之汽笛聲)。
      此現象即稱都卜勒效應。
   (2) 都卜勒效應的成因如下(請見圖 7-5)：
      ① 令
         a. 聽者(L)與音源(S)相對於空氣(介質)的速度分別爲 v_L 及 v_S。
         b. 聽者往音源的方向爲 v_L 及 v_S 的正方向。
         c. 音源音波之速度爲 C 且其方向恆爲正。
      ② 時間 $T = 0$ 時，S 在 a 點位置，開始發射音波並以 v_S 的速度向右移動。
      ③ 設 L 在 S 之左方並向 S 之方向(正方向)以 v_L 的速度移動，且於 $T = t$ 時，於位置 e 接收到時間 $T=0$ 時 S 所發射的第一個波(該波向左抵達位置 e、向右抵達位置 d)，且此時 S 到達 b 點位置。

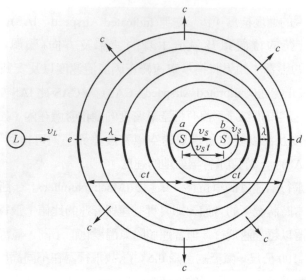

圖 7-5　都卜勒效應[5]

則 $\overline{ae} = \overline{ad} = Ct$ ， $\overline{ab} = v_S t$

$$\Rightarrow \overline{eb} = (C + v_S)t \tag{7.1}$$

$$\overline{bd} = (C - v_S)t \tag{7.2}$$

④　時間由 $0 \rightarrow t$ 間音源所發射之總波數為 $f_S t$，則 eb 間之波長(源後波長)

$$\lambda_{eb} = \frac{\overline{bd}}{f_S t} = \frac{(C + v_S)t}{f_S t} = \frac{C + v_S}{f_S} \tag{7.3}$$

bd 間之波長(源前波長)

$$\lambda_{bd} = \frac{\overline{bd}}{f_S t} = \frac{(C - v_S)t}{f_S t} = \frac{C - v_S}{f_S} \tag{7.4}$$

⑤　對 L 而言，音波之波速為 $C + v_L$(相向運動)，則

$$f_L = \frac{C + v_L}{\lambda_{eb}} = \frac{C + v_L}{(C + v_S)/f_S} \Rightarrow \frac{f_L}{C + v_L} = \frac{f_S}{C + v_S} \tag{7.5}$$

(7.5)式即為都卜勒方程式

例題 7.1

令 $f_S = 1000\text{Hz}$，$C = 1000\text{ft/s}$

求：1. 源前和源後之波長，設 $v_S = 100\text{ft/s}$

2. 若 $v_L = 0$，S 以 100 ft/s 遠離 L，求 f_L

3. 若 $v_S = 0$，L 以 100 ft/s 遠離 S，求 f_L

解　1. 由(7.4)式，

$$\lambda_{前} = \frac{C - v_S}{f_S} = \frac{1000 - 100}{1000} = 0.9(\text{ft})$$

由(7.3)式，

$$\lambda_{後} = \frac{C + v_S}{f_S} = \frac{1000 + 100}{1000} = 1.1(\text{ft})$$

2. 由(7.5)式，

$$f_L = \frac{f_S}{(C + v_S)} \times (C + v_L) = \frac{1000}{1000 + 100} \times (1000 + 0) = 909(\text{Hz})$$

3. 由(7.5)式，

$$v_L = -100\text{ft/s}$$

$$f_L = \frac{1000}{1000 + 0} \times (1000 - 100) = 900(\text{Hz})$$

2. 超音波測速

如圖 7-6，設待測物之速率為 v

超音波之波速為 C

發射器之發射頻率為 f_t

發射器速率為 0(靜止)

接收器之接收頻率為 f_r

待測物速度方向與超音波運動方向之夾角為 θ

(θ 不可以為 90°)

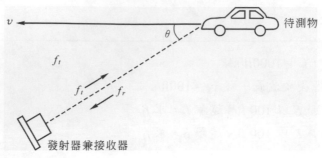

圖 7-6　超音波測速原理

以超音波測速須分成兩步驟討論如下：

(1) 發射時

此時發射器發射超音波，待測物爲聽者，故 $v_S = 0$，$v_L = v\cos\theta$，根據(7.5)式

$$f_L = \frac{f_S}{C + v_S} \times (C + v_L) = \frac{f_t}{C + 0} \times (C + v\cos\theta) = \frac{f_t}{C}(C + v\cos\theta) \qquad (7.6)$$

(7.6)式爲待測物所接收到的信號頻率。

(2) 反射時

此時待測物變成音源發射信號，發射器變成聽者接收信號，故 $v_S = -v\cos\theta$，$v_L = 0$，由(7.6)式，$f_S = \dfrac{f_t}{C}(C + v\cos\theta)$，再用一次(7.5)式，

$$f_L = \frac{f_S}{C + v_S} \times (C + v_L) = \frac{\dfrac{f_t(C + v\cos\theta)}{C}}{C - v\cos\theta} \times (C + 0) = \frac{C + v\cos\theta}{C - v\cos\theta}f_t = f_r$$

此爲接收器所接收到的信號頻率。

設發射器發射頻率與接收頻率之頻率差爲 f_d，則

$$f_d = f_r - f_t = \left(\frac{C + v\cos\theta}{C - v\cos\theta}f_t\right) - f_t = \frac{2v\cos\theta}{C - v\cos\theta}f_t$$

$$\doteqdot \frac{2v\cos\theta}{C}f_t \qquad （請與(5.14)式比較） \qquad (7.7)$$

而其中 $\dfrac{2\cos\theta f_t}{C} = K_1$ 為一常數，故

$$f_d = K_1 v$$
$$\Rightarrow v = \frac{C}{2\times\cos\theta\times f_t}\times f_d \tag{7.8}$$

(7.8)式即為超音波測速器(圖 7-6)的校正公式，其中 EU 是待測物速度(v)，MU 是測得頻率差(f_d)，$\dfrac{C}{2\times\cos\theta\times f_t}$ 為斜率，截距為 0。

7.3　角速度感測

■ 7.3-1　轉速發電機(Tacho-Generator)

1. 根據發電機原理，以轉矩輸入發電機轉子，則電樞線圈有感應電壓輸出，且感應電壓與轉子轉速成正比，如圖 7-7 所示。故以待測物驅動發電機轉子，待測物之轉速即可由發電機之輸出電壓推算而得。(請參閱本書第 5 章 5.6 節)

2. 由(5.13)式，

$$e = NB\,vl\,\sin\theta$$

其中 B：磁通密度(wb/m^2)

　　v：導體移動之線速度(m/s)

　　l：導體長度(m)

　　θ：v 與 B 間之夾角

　　N：線圈匝數

　　e：輸出電壓(Volt)

又

$$\omega = \frac{v}{r}$$

　　ω：角速度(rad/s)

　　r：迴轉半徑(m)

$$\Rightarrow \omega = \frac{60v}{2\pi r} = \frac{60E_{dc}}{2\pi rNBl} \text{ (rpm)} \tag{7.9}$$

E_{dc}：e 經整流濾波後之直流值

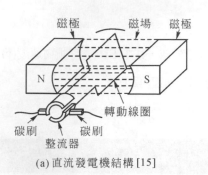

(a) 直流發電機結構 [15]

(b) 轉速與輸出電壓之關係 [15]

(c) 實體 (附編碼器)

圖 7-7　轉速發電機

■ 7.3-2　離心式轉速計(Centrifugal Type Tachometer)

1. 待測物經(或不經)減速機構將轉矩送至離心式轉速計，轉速計上之重錘因迴轉而產生離心力，此離心力之軸向分力作用在變位彈簧上而使彈簧發生形變，此形變量經校正後即可直接指示轉速。如圖 7-8 所示。

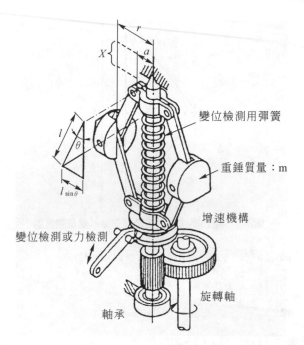

圖 7-8　離心式轉速計[8]

2. 重錘所受離心力 $f = m\dfrac{v^2}{r} = mr\omega^2$

軸向力 $f_A = f\cot\theta = k \times X$

k：彈簧常數

X：彈簧形變量

θ：轉速計之張角

而　　$r = a + l\sin\theta$

故　　$f_A = mr\omega^2\cot\theta = m(a + l\sin)\omega^2\cot\theta = kX$，得

$$\omega^2 = \frac{kX}{m(a + l\sin\theta)\cot\theta} \tag{7.10}$$

(7.10)式描述了轉速與彈簧形變量的關係，但是該式等號右邊的 θ 為一變數，隨 ω 變快而變大，故應再推導出 θ 與 X 間之關係。如圖 7-9。

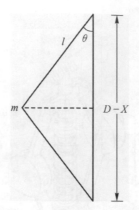

圖 7-9　離心轉速計之張角與彈簧形變量關係圖

設彈簧未受力時之原長為 D，則$(D - X) = 2l \cos\theta$

$$\Rightarrow \theta = \cos^{-1}\left(\frac{D - X}{2l}\right) \tag{7.11}$$

合併(7.10)式及(7.11)式可知，待測物轉速的平方(ω^2)與彈簧變形量(X)成正比。

$$\omega^2 = f(X) \tag{7.12}$$

3. 此型檢測裝置因有重錘飛轉，故又稱「飛球轉速計(Fly-Ball Tachometer)」，配合連桿及齒輪可直接指示轉速。指示轉速之機構示意圖如圖 7-10 所示。

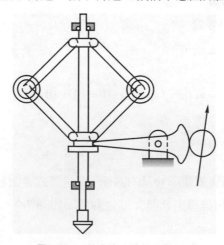

圖 7-10　飛球轉速計示意圖[23]

4. 應用實例

(1) 圖 7-11 為一簡單鍋爐蒸汽發電系統。水在鍋爐內經加熱成高壓蒸汽用以推動渦輪機，渦輪機同軸驅動發電機轉子，使發電機有電力輸出。做功後之蒸汽經冷凝程序，由循環泵抽回，再送入鍋爐中循環使用。

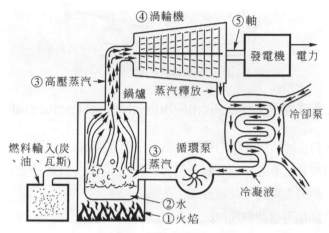

④渦輪機　　⑤軸

發電機　電力

③高壓蒸汽　鍋爐　蒸汽釋放　　冷卻泵

燃料輸入(炭、油、瓦斯)　③蒸汽　循環泵　冷凝液

②水　①火焰

圖 7-11　蒸汽發電機系統

(2) 發電機輸出電壓的大小，與轉子轉速成正比，故若欲控制輸出電壓，則應控制渦輪機之轉速。而渦輪乃由高壓蒸汽所驅動，故蒸汽流量應是控制輸出電壓所要選擇的被控制量。當然，若能求出鍋爐溫度與蒸汽流量間之關係，或燃料輸入量與鍋爐溫度間之關係，則以鍋爐溫度或燃料輸入量為被控制量亦未嘗不可。現選擇以蒸汽流量來控制輸出電壓的大小，則可以飛球轉速計作為感測元件，經槓桿機構驅動閥門，以管制蒸汽流量並進而達到控制輸出電壓的目的，如圖 7-12 所示。現若蒸汽機關之轉速過快(即發電機輸出電壓過高)，則飛球轉速計之轉速亦增加，飛球上升驅動槓桿使閥門開度關小，蒸汽進給量減小從而使得蒸汽機關之轉速變慢(即使發電機輸出電壓下降)。反之，則飛球下降，閥門開大使轉速上升。

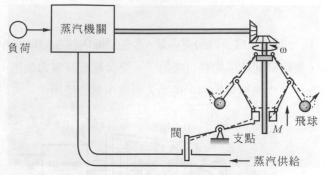

圖 7-12　以飛球轉速計操控蒸汽供給量

■ 7.3-3　光電式轉速計(Optical/Photoelectric Tachometer)

如圖 7-13，在被待測物驅動的轉盤上貼有反射片(Reflecting Surface)，轉盤每迴轉一圈可在相同位置將光源之光線反射至受光元件(光電管)，計數受光元件所產生的脈波數即可推得待測物之轉速。其特性如下：

1.　配合積算時間則可量測轉速(Rotation Speed)。

2.　若反射片數目為 n 並相隔相同角度，則可量測角位移。每一脈波所代表的角度 $\theta = \dfrac{360°}{n}$。

3.　亦可作迴轉數(Revolution)之量測，可高達 5000rps。

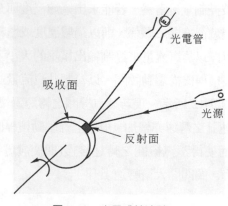

圖 7-13　光電式轉速計[23]

■ 7.3-4　計時轉速計(Chronometric Tachometer)

1. 以轉接頭(Adaptor)與待測物聯結(不同型式之待測物有不同之轉接頭)，可直接由錶頭讀得待測物轉速。

2. 體積小且輕便，可隨身攜帶，對現場工作人員非常方便。

3. 其指示爲積算轉速(通常爲 3 或 6 秒)。

4. 瞬時轉速(Instantaneous)或轉速的變化(Fluctuation)則無法指示。

圖 7-14　計時轉速計及轉接頭(Hasler-Tel 公司)[23]

1. 何謂「速度」？何謂「速率」？又分爲哪二類？

2. 請說明車輛之車速如何量測？

3. 空速管如何量測空速？

4. 請敘述何謂「都卜勒效應」？

5. 角速度感測器分哪幾類？請分別簡述其原理。

6. 某物轉速爲 60rpm，以一磁通密度 $\frac{1}{2\pi}$ wb/m^2，線圈匝數 10，長度 10cm，迴轉半徑 10cm 之轉速發電機量測之，求此時發電機輸出之交流電壓？

7. 以超音波測速，如下圖所示。設發射頻率為 40kHz，氣溫 16℃，求

(1) 待測物所聽到的頻率。

(2) 頻率差(f_r-f_t)。

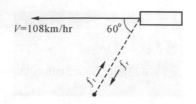

8. 設 S (Sound Source)與 L(Listener)在空間中之關係位置如下：

且 f_S = 1kHz，C = 1000 ft/s

(1) 若 v_S = 500 ft/s，求 S 前面和後面的波長。

(2) 若 L 靜止不動，S 以 500 ft/s 向左移動，求 f_L。

(3) 若 S 靜止不動，L 以 500 ft/s 向右移動，求 f_L。

(4) 說明於(2)、(3)題中，兩物相對速度均為 500 ft/s，為何 f_L 卻不相同？

9. 有一以瓦斯為燃料之蒸汽渦輪發電系統，欲監控其

(1) 輸出電壓，

(2) 渦輪轉速，

(3) 蒸汽流量，

(4) 燃燒室溫度，

(5) 瓦斯輸入流量。

請問 (1) 就上述各物理量選擇一適當感測裝置，並說明選擇的理由。

(2) 寫出各感測元件輸出與輸入的關係。

(3) 連同感測器繪出此系統之示意圖。

磁場及電流的感測

8.1 霍耳效應(Hall Effect)

1. 某些特殊材質之晶體如銻化銦(InSb)、砷化銦(InAs)、砷化鎵(GaAs)等，於其上通以電流並將此晶體置於磁場中，則會有一電位差跨於該晶體正、反兩面的邊緣上(V_H)。如圖 8-1 所示。

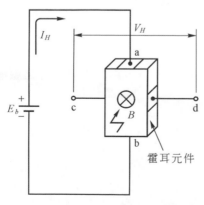

a-b：輸入電流端
c-d：輸出電壓端
B：磁通密度
I_H：霍耳電流
　　(也稱為偏壓電流
　　或控制電流)

圖 8-1　霍耳效應[10]

此現象於 1879 年由 E. H. Hall 所發現，故稱「霍耳效應」。

2. 霍耳電壓的大小為

$$V_H = \frac{K}{d} \times I_H \times B \times \cos\theta + R_H \times I_H \times K_e \tag{8.1}$$

其中 V_H：霍耳電壓(Volt)

K　：平衡係數(mV·mm/mA·kG)

d　：元件厚度(mm)

I_H　：控制電流(mA)

B　：磁通密度(kG)

θ　：B 之入射角

R_H：霍耳元件內阻(Ω)

K_e：不平衡係數

E_b：偏壓(Volt)

一般而言(銻化銦)，(8.1)式中等號右邊的二項間，下列關係式成立：

$$\frac{K}{d} \times I_H \times B \times \cos\theta \gg R_H \times I_H \times K_e$$

所以(8.1)式可寫成

$$V_H = \frac{K}{d} \times I_H \times B \times \cos\theta \tag{8.2}$$

$$= K_H \times I_H \times B \tag{8.3}$$

其中 $K_H = \dfrac{K}{d} \times \cos\theta$ 稱為「霍耳係數」，可視為該霍耳元件之靈敏度，單位為 mV/mA·kG。

3. 霍耳元件之規格表請參閱附錄五。

8.2　霍耳元件

1. 材質

(1) 銻化銦(InSb)，$K_H = 20 \sim 110$ mV/mA·kG

$\qquad K_T = -2\% /^\circ C$ (K_H 之溫度係數)

(2) 砷化銦(InAs)，$K_H = 10 \sim 50$ mV/mA·kG

$\qquad K_T = -1.2\% /^\circ C$

(3) 砷化鎵(GaAs)，$K_H = 5 \sim 20$ mV/mA·kG

$\qquad K_T = -0.06\%/^\circ C$

銻化銦之靈敏度高，霍耳電壓輸出大，但受溫度影響亦大。而砷化鎵較不易受溫度影響，不過輸出電壓較小。砷化銦的特性則介於上述兩者之間。

2. 特性曲線

(1) 霍耳元件之特性曲線如圖 8-2。

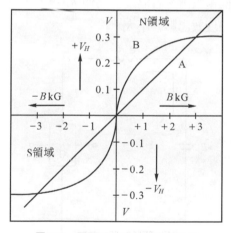

圖 8-2　霍耳元件之特性曲線[10]

(2) 其中正、負方向的定義如下(請參閱圖 8-1)

① I_H 由 a → b 為正方向。

② $V_H = V_c - V_d$ 為正電壓。

③ 此時 B 為箭尾(⊗)，即表示 N 極接近，則 V_H 為正。反之若此時 B 為箭頭(⊙)，表示是 S 極接近，則 V_H 為負。

3. 驅動法

(1) 霍耳元件之輸出特性受下列兩種效應影響

   ① 溫度效應：霍耳元件之內部阻抗隨環境溫度變化而變化。

   ② 磁阻效應：霍耳元件之內部阻抗隨外部磁場變化而變化。

   霍耳元件之驅動法有(1)定電壓法，(2)定電流法等二種。決定驅動方法時須考量何法於使用環境下，霍耳元件受上述二效應之影響較小。

(2) 定電壓法

   ① 驅動電路如圖 8-3 所示，偏壓 E_b 為定值。

   ② 此時 $I_H = \dfrac{E_b}{R + R_H}$ ，故 I_H 會隨 R_H 而變化。

   ③ 溫度升高時 R_H 變大，使得 I_H 變小，由(8.3)式可知 V_H 變小。但若設計 $R \gg R_H$，則可使溫度效應不明顯。但仍受磁阻效應影響。

   ④ (8.1)式中之($R_H \times I_H \times K_e$)為「零電流偏差量(Zero Current Offset)」，或稱「不平衡電壓」。若溫度升高使 R_H 變大，但 I_H 會變小，故此不平衡電壓值受溫度效應影響不大。

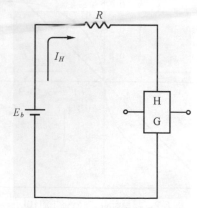

圖 8-3　定電壓驅動法

   ⑤ 與放大電路配合使用時，R 值之選擇需考慮與放大電路間阻抗匹配及對放大倍率之影響等因素。可依需要將 R 分成 R_A 及 R_B 的形式，如圖 8-4 所示。

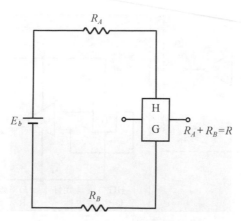

圖 8-4　定電壓驅動之外部阻值分配

(3) 定電流法

① 驅動電路如圖 8-5 所示，控制電流 I_H 為定值。

② 此時不論 R_H 如何變化，I_H 仍為定值。

③ 但若溫度升高造成 R_H 變大，則不平衡電壓亦跟著升高。

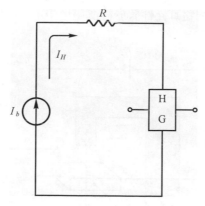

圖 8-5　定電流驅動法

4. 其他特性

(1) 頻率響應範圍：DC～50MHz。

(2) V_H 之極性隨 I_H 及 B 之方向而改變。

(3) 有自我加熱(Self-heating)現象。

(4) 另有霍耳元件與放大器組合而成之霍耳 IC，如圖 8-6 所示。

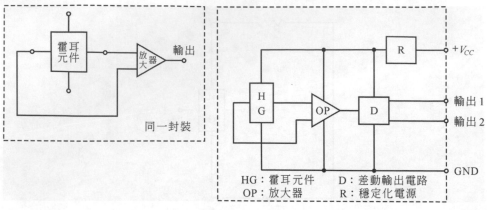

圖 8-6　霍耳 IC[10]

8.3　應用

1. 磁通密度之量測

(1)　如圖 8-7 所示，將霍耳元件置於待測磁場中，通以控制電流則元件有霍耳電壓輸出。

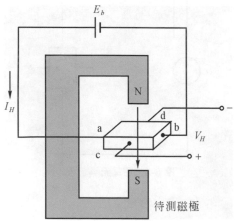

圖 8-7　以霍耳元件量測磁通量

(2)　由(8.2)式可知

$$B = \frac{V_H}{\dfrac{K}{d} \times I_H \times \cos\theta} \tag{8.4}$$

B　：待測磁極磁通密度

I_H　：已知之控制電流

V_H：測得之霍耳電壓

2. 電流之量測

(1) 將通有待測電流之導線穿過霍耳裝置的圓孔，另通以控制電流 I_H，則可由霍耳電壓 V_H 代入(8.4)式求得磁通密度 B，再由 B 推得待測導線之電流(I)，如圖 8-8 所示。此裝置亦稱為「電流換能器(Current Transducer)」。請參閱附錄七之規格表。

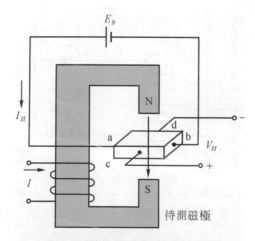

(a) 電流量測繞線圖

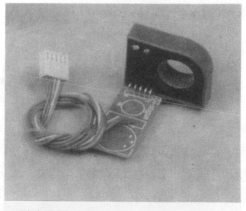

(b) 電流量測用霍耳元件(Current Transducer)[9]

圖 8-8　以霍耳元件量測電流

(2) 電流待測之導線因為載流導體，故根據奧斯特效應會產生磁場，此磁場即可作動霍耳元件。

(3) 霍耳電壓與待測導線纏繞電流換能器之匝數(n)成比例($V_H \propto n$)。

(4) 電流量測用霍耳裝置之輸出(V_H)與輸入(I)間之關係，可由廠商提供之規格表中得知(請參閱附錄六)。

3. 磁場之 N/S 極判別電路

(1) 因霍耳電壓之極性隨外加磁場的方向而變化，故根據此特性可製作磁場之 N/S 極判別電路，用以判別外加磁場為 N 或 S 極作用。如圖 8-9 所示。

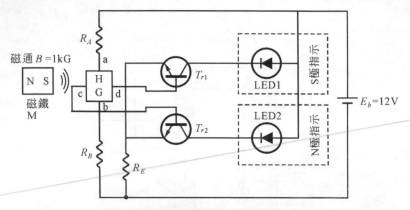

圖 8-9　N/S 極判別電路(元件值未定)[10]

當 S 極接近時(磁場表示為箭頭⊙)，d 點為高電位，T_{r1} 導通，LED1 點亮。反之當 N 極接近時(磁場表示為箭尾⊗)，c 點為高電位，T_{r2} 導通，LED2 點亮。

(2) 經計算後本電路各元件值標示於圖 8-10。

4. 脈波產生電路

(1) 如圖 8-11 所示，以旋轉之磁極作為信號源，則本電路可將磁極轉速轉換成脈波信號輸出。

(2) 當 S 極接近時，c 點為低電位，T_{r2}(PNP 型)導通，電源電壓(E_b)降在 R_E 上，T_{r2} 之 C 極接地(零電位)，T_{r3} 之 $I_B = 0$，故 T_{r3} 截止(Cut-off)，T_{r3} 之 C 極電壓(V_{out})即等於電源電壓($E_b = 12V$)。

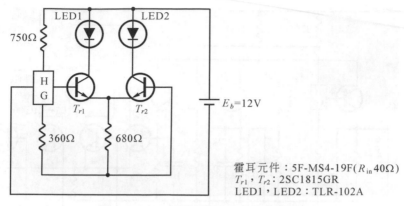

圖 8-10　N/S 極判別電路(元件值決定)[10]

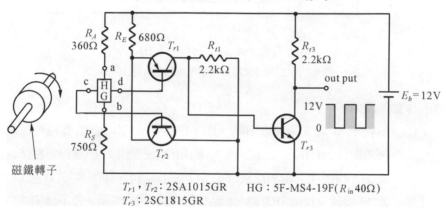

圖 8-11　脈波產生電路[10]

(3) 反之，當 N 極接近時，d 點為低電位，T_{r1} 導通，R_{t1} 因有 T_{r1} 之 C 極電流流過而產生電壓(V_{Rt1})，該電壓作動 T_{r3}，並將 T_{r3} 推至飽和(Saturation)，以致 T_{r3} 之 C 極電壓(V_{out})為零(接地)。

(4) 如此 N/S 交替即有頻率相對應於轉速之脈波產生。

(5) 此電路亦為磁性轉子之轉速計電路。計程車之計程以及車速低於某值時之塞車計時，均為此電路之應用例。

5. 霍耳無刷馬達驅動電路(Hall-Brushless Motor Driver Circuit)

(1) 因霍耳元件有磁極極性判別之功能，故藉此配合馬達之磁性轉子，可設計出無刷馬達之驅動電路，如圖 8-12 所示。

(2) 該馬達為無電刷、無整流子之直流馬達。

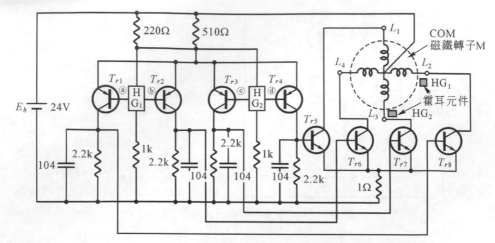

$T_{r1} \sim T_{r4}$: 2SA1015GR
$T_{r5} \sim T_{r8}$: 2SC2562Y
HG_1,HG_2 : 5F-MS4-19F(R_{in} 40Ω)

圖 8-12　二相 90°霍耳無刷馬達驅動電路[10]

(3)　作動原理如下

①　當轉子 M 之 S 極接近 HG_1，則 a 點爲低電位以致 T_{r1} 導通，經 T_{r1} 的 C 極電阻(2.2kΩ)取出之電壓使 T_{r8} 飽和，致使線圈 L_2 由電源電壓($E_b = 24V$) 激磁。L_2 所生之磁場推動轉子 M，使其偏轉。如圖 8-13(a)。

②　當 M 偏轉至接近 HG_2 時，c 點爲低電位，T_{r3} 導通，T_{r7} 因而飽和，L_3 激磁使 M 再度偏轉。如圖 8-13(b)。

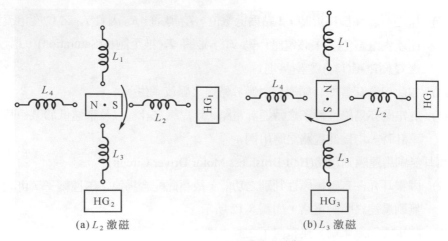

(a) L_2 激磁　　　　　　　　　　　　(b) L_3 激磁

圖 8-13　霍耳無刷馬達之動作

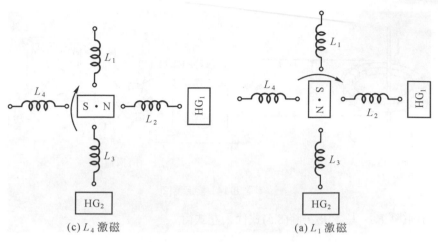

(c) L_4 激磁　　　　　　　　　　　(a) L_1 激磁

圖 8-13　霍耳無刷馬達之動作(續)

③　當 M 之 S 極被推向 L_4 時，M 之 N 極則指向 HG_1。此時 b 點為低電位，
T_{r2} 導通，T_{r6} 飽和，L_4 線圈激磁，再推動 M 之 S 極使其偏轉。如圖 8-13(c)。

④　當 M 之 S 極被推向 L_1 時，其 N 極則指向 HG_2。此時 d 點為低電位，T_{r4}
導通，T_{r5} 飽和，L_1 激磁，推動 M 使其 S 極再度指向 HG_1。如圖 8-13(d)。
如此轉子便週而復始地旋轉。

8.4　變流器(Current Transformer，CT)

1. CT 的主要結構為一導磁性良好的封閉磁環，並於其上纏繞感應線圈而成。當通
   有待測電流的導線貫穿此磁環時，因待測導線載流，故根據奧斯特效應，會有與
   電流大小(I_{in})成正比的磁場產生。磁環收集磁場後再經感應線圈感應成電流輸
   出。輸出側跨上負載(R_L)，負載兩端電壓即為輸出電壓(E_O)。如圖 8-14 所示。
2. 因輸出電流(i_{out})與感應線圈匝數(n)成反比，此與變壓器(Potential Transformer，PT)
   輸出電壓之特性類似，故 CT 稱為「變流器(或比流器)」。

$$i_{out} = I_{in} / n \tag{8.5}$$

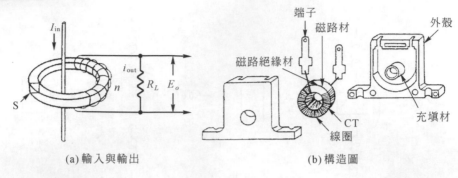

(a) 輸入與輸出　　　　　　　(b) 構造圖

圖 8-14　變流器[2]

3. 輸出電壓 $E_O = i_{out} \times R_L$，將(8.5)式代入左式得

$$E_O = \frac{I_{in}}{n} \times R_L$$

$$\Rightarrow I_{in} = \frac{n}{R_L} \times E_O \tag{8.6}$$

4. 若考慮磁損，則須加入耦合係數(Coefficient of Coupling) K

$$\Rightarrow I_{in} = \frac{n}{R_L \cdot K} \times E_O \tag{8.7}$$

5. 磁環導磁效果(Permeability)的好壞決定 K 值的大小。

6. 將待測導線纏繞磁環則可提升輸出電壓，且 $E_O \propto n_1$。如圖 8-15 所示。

7. 若纏繞圈數為 n_1，則(8.7)式須修正為：

$$I_{in} = \frac{n}{R_L \cdot K \cdot n_1} \times E_O \tag{8.8}$$

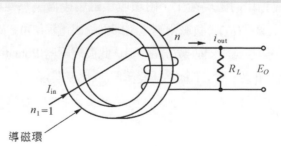

(a) 待測導線貫穿導磁環 $(n_1=1)$

圖 8-15　待測導線貫穿與纏繞導磁環

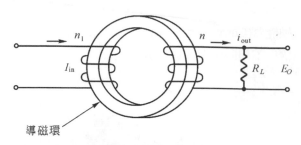

(b) 待測導線纏繞導磁環($n_1 > 1$)

圖 8-15　待測導線貫穿與纏繞導磁環(續)

8. 一般常用符號如圖 8-16 所示。

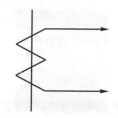

圖 8-16　變流器的符號

9. CT 的實體圖請見圖 8-17，常用品之規格請參考附錄八。

(a)　　　　　　　　　　　(b)

(c)　　　　　　　　　　　(d)

圖 8-17　CT 的外型[2]

10. CT 一指「電流換能器(Current Transducer)」，另一指「變流器(Current Transformer)」，兩者原理及結構均不相同，但用途類似。

圖 8-18　霍耳 IC 實體

1. 何謂「霍耳效應」？
2. 何謂霍耳元件之積感度？
3. 霍耳元件的材料有哪些？各有何優缺點？
4. 霍耳電壓之極性與磁場方向、電流方向間之關係爲何？
5. 霍耳元件之驅動法有哪兩種？有何不同？
6. 何謂「不平衡電壓」？
7. 霍耳元件有哪些用途？
8. 如何以霍耳元件量度磁通密度？
9. 如何以霍耳元件量度導線電流？
10. 請繪出 N/S 磁極判別電路，並簡述其動作。
11. 請繪出磁性轉子之脈波產生電路，並說明其動作。
12. 何謂「霍耳無刷馬達」？其動作原理爲何？
13. 何謂 CT？其動作原理如何？
14. 請舉出三種以上量測電流的方法，並比較其優劣。
15. 如圖 8-15(b)，若 $n_1 / n = 0.5$，$R_L = 1k\Omega$，耦合係數爲 0.8，此時量得輸出電壓爲 5V，求待測電流大小？

光輻射感測

9.1 光譜(Optical Spectrum)

1. $C = f \cdot \lambda$

   C ：光速，3×10^8 m/s (眞空中)

   f ：頻率(Hz)

   λ ：波長(視需要可爲 μm 或是 Å $= 10^{-8}$cm)

2. 不同頻率之光譜

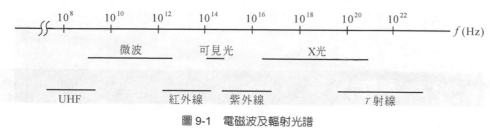

圖 9-1　電磁波及輻射光譜

3. 可見光

(1) 可見光的波長範圍為 $0.38\mu m(3800\text{Å})\sim0.76\mu m(7600\text{Å})$，亦即其頻率範圍為 395THz～789THz。

(2) 人眼對波長為 5550Å(540THz)之光線有最大反應，其顏色為黃綠色，特定此光之相對照度係數為 100%。

(3) 通常取相對照度係數 1%以上之光線為可見光，則其波長範圍為 4300Å～6300Å(476THz～698THz)。如圖 9-2 所示。

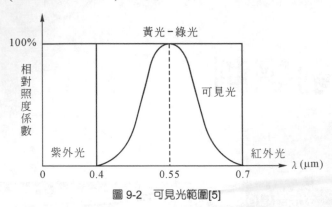

圖 9-2　可見光範圍[5]

4. 輻射光

(1) 所謂輻射光乃指紅外光、可見光及紫外光三部分。

(2) 紅外光的波長為 $0.76\sim1000\mu m$(395THz～0.3THz)，其中 $4\sim400\mu m$(75THz～0.75THz)的部分稱為遠紅外光(近紅外光波長則是 $0.76\sim4\mu m$，頻率為 395THz ～75THz)。遠紅外光當中 90%的波長介乎 $8\sim14\mu m$(37.5THz～21.4THz)，科學家稱此段之遠紅外光為生命光線，因為這段波長的光線能促進動物及植物的生長。

9.2　單位

1. 輻射光

(1) 頻率範圍介於微波(Microwave)與 X 光(X-Ray)之間。

(2) 各種描述輻射光的名稱及單位如表 9-1。

表 9-1　各種描述輻射光的名稱及單位

名稱	符號	定義	單位	附註
輻射能量	Qe	$Qe = h \cdot f$	焦耳(Joule)	h 為蒲朗克常數 $h = 6.63 \times 10^{-34}$ J-s
輻射功率	P	$P = Qe / t$	焦耳／秒 ＝ 瓦特(Watt)	1. 平面功率 2. 又稱輻射通量
輻射強度	J	$J = P / \omega$	瓦特／立體角	空間功率
輻射密度	W	$W = P / A$	瓦特／米^2	1. 平面功率密度 2. 指射出功率
輻照度	H	$H = P / A$	瓦特／米^2	1. 平面功率密度 2. 指射入功率
輻射量	N	$N = \dfrac{P}{\omega A} = \dfrac{J}{A}$	瓦特／(米^2・立體角)	空間功率密度

2. 可見光

(1) 描述可見光強弱的單位統稱為光度。

(2) 在人眼可察覺之標準量度曲線(圖 9-2)的峰點，亦即 $\lambda = 0.555\mu m$ 處，光通量與輻射通量間之轉換係數 $K = 680$ lum/Watt。請見圖 9-3。

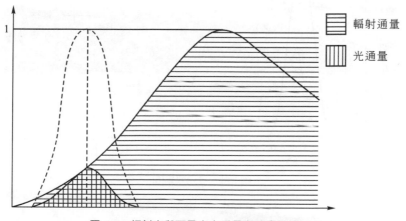

圖 9-3　輻射光與可見光之重疊與功率互換[5]

(3) 燭光(Cd)的定義，是指元素鉑於凝固點(2042K)時所呈全輻射體之光度的六十分之一(每平方公分)。

(4) 光度的單位如表 9-2 所示。

表 9-2　光度的單位

名稱	符號	定義	單位
光能量	Q_v	$\int_{380}^{760} K(\lambda)Q_e \cdot \lambda d\lambda$	陶巴特
光通量	F	$F = Q_v / t$	流明(lumen)
光強度	I	$I = F / \omega$	(流明／立體角) = 燭光(Cd)
光度	L	$L = F / A$ (功率密度)	流明／平方呎
照度	E	$E = F / A$ (功率密度)	(流明／平方米) = 勒克斯(lux)
亮度 (空間照度)	B	$B = \dfrac{F}{\omega A} = \dfrac{1}{A}$	
光通量等效係數	K	$K = F / P$	流明／瓦特
發光效率	V	$\dfrac{感測器所能感測光源的光譜}{光譜光源}$	1.無因次 2.請見圖 9-4

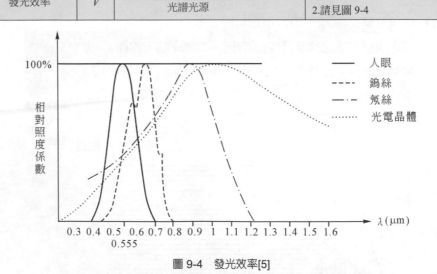

圖 9-4　發光效率[5]

9.3　光電效應

1. 光伏打效應(Photo-voltaic Effect)

    (1)　當光線(輻射光)照射在光敏材料製成之 PN 接面(PN-Junction)上時，N 型區
    (Donor)之電子會被光能激發而越過接面流向 P 型區(Accepter)，形成電子—

電洞對，電流於焉產生，且該電流大小與照射在 PN 接面上之光線強弱成正比。此即所謂「光伏打效應」。

(2)　光伏打電池，或稱「太陽能電池(Solar Cell)」即為應用光伏打效應的一例。

(3)　光伏打效應之作動如圖 9-5 所示。

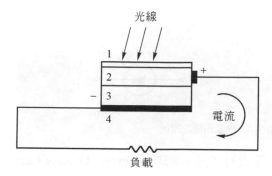

1. 濾波用金屬薄層 (抗反射層)
2. 光敏材料 (N型)
3. 金屬材料 (P型)
4. 黑面傳導接觸區 (Dark Side)

圖 9-5　光伏打效應

2.　光傳導效應(Photoconductive Effect)

(1)　光電傳導材料(如硫化鎘)受到光線(輻射光)照射時，其價電子因受光能激發，跳脫原子核的束縛而成為自由電子，以致於該材料的導電性增加，亦即電阻降低。材料的電阻隨光線的強弱而變化，此現象即稱為「光傳導效應」。

(2)　光敏電阻(Photoresistor)或稱光導電池(Photoconductive Cell)即為一例。

(3)　光傳導效應之作動如圖 9-6 所示。

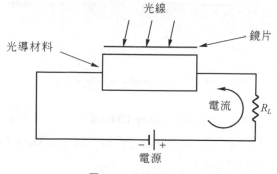

圖 9-6　光傳導效應

9.4　光輻射感測元件

　　凡可發生 9.3 節所述兩種效應中任一種效應之元件，因其輸出特性均隨入射之輻射光的強弱而變化，故均可作爲光輻射感測元件。

1. 光二極體(Photo Diode)

(1)　符號如圖 9-7 所示。

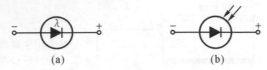

圖 9-7　光二極體之符號

(2)　光二極體在逆向偏壓作用下會有「逆向漏電流(Reverse Leakage Current)」產生，該電流的大小與 PN 接面之照度成正比。光二極體的特性曲線如圖 9-8 所示。

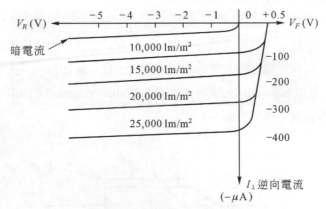

圖 9-8　光二極體之特性曲線[14]

(3)　光二極體工作於逆向偏壓(Reverse Bias)區。

(4)　作用於光二極體的照度爲零時之電流稱「暗電流(Dark Current)」，圖 9-8 所示之暗電流約爲 $25\mu A$。

(5)　由圖 9-8 可知，在相同偏壓作用下，不同照度時同一光二極體之阻抗亦不相同，故可將之等效爲單向導通之光敏電阻器。

2. 光電晶體(Photo Transistor)

(1) 符號如圖 9-9 所示。

圖 9-9 光電晶體之符號

(2) 構造

① CB 接面爲一光二極體所構成，電晶體包裝上有鏡片開口，接收入射光線。

② 有雙接腳及三接腳兩種型式，雙接腳式僅可以光線驅動，三接腳式則類似傳統之 BJT。

(3) 特性

① 該電晶體 CB 間之 I_λ 即爲 I_B。

② 無光線照射時，$I_\lambda = I_{CEO}$(暗電流，約爲 nA)。

③ 有光線照射時，$Ic = \beta_{dc} I_\lambda$。

④ 特性曲線如圖 9-10 所示。

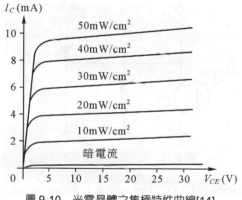

圖 9-10 光電晶體之集極特性曲線[14]

(4) 光電晶體的主要用途乃作爲光電開關使用。有「光－作動(Light-Activated)」及「光－截止(Light-Cutoff)」兩種，分別如圖 9-11(a)、(b)所示。

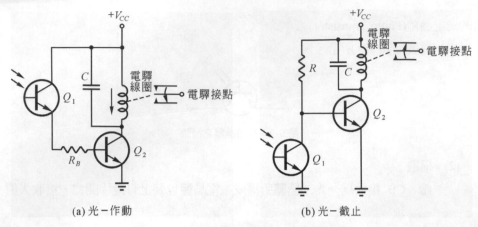

(a) 光－作動　　　　　　　　　(b) 光－截止

圖 9-11　光電晶體之應用電路(光電開關)[14]

(5)　應用實例

圖 9-12 為「光－截止」型電路。當光電晶體之入射光線被遮蔽時，警鈴即被作動，可作為防盜器(需用不可見光為入射光源)、煙霧偵測器等。

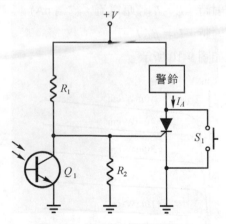

圖 9-12　光－截止警報電路[14]

① 當有光線照射時，Q_1 導通，SCR 之閘極(Gate)接地，SCR 為高阻抗，故警鈴不作動。

② 若光線被遮蔽時，Q_1 截止，SCR 之閘極電壓為 R_2 與 R_1 分壓之結果 ($V_G = \dfrac{R_2}{R_1 + R_2}V$)，故 SCR 被導通以致警鈴作動。

③　因 SCR 有自保持功能($I_A > I_H$，I_H為 SCR 之保持電流)，故 S_1是用來解除
　　自保持之按鈕(使 $I_A < I_H$)。

④　光電晶體之外觀如圖 9-13 所示。

(a)　　　　　　　　　　(b)

圖 9-13　光電晶體

(6)　如同雙極電晶體，光電晶體亦有高電流增益之「光達靈頓(Photo Darlington)」，
　　如圖 9-14 所示。

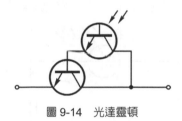

圖 9-14　光達靈頓

3.　太陽能電池(Solar Cell)

(1)　原理為「光伏打效應」，其符號如圖 9-15 所示。

圖 9-15　太陽能電池之符號

(2)　輸出電壓約為 0.4V，輸出電流則約為數 mA。

(3)　太陽能電池可串聯以形成高電壓，並聯以提供大電流(如太陽能熱水器之吸能
　　板)。其示意圖如圖 9-16 所示。

(4)　太陽能電池之用途

①　光電開關：當無光線照射時，其阻抗甚高可視為開路，反之則可視作通
　　路。

②　提供能源：如衛星、計算器、熱水器、電力車輛等。

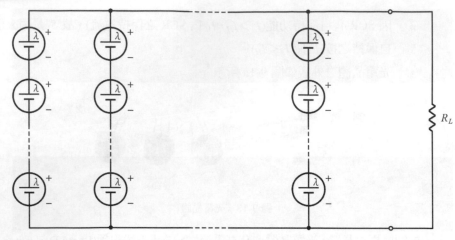

圖 9-16　太陽能電池之串並聯[14]

③　照度量測：光電池短路時，其短路電流與照度成正比；如圖 9-17。

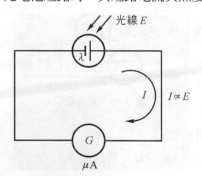

圖 9-17　以光電池測量照度

4. 光敏電阻

(1)　原理爲「光傳導效應」，其符號如圖 9-18 所示。

圖 9-18　光敏電阻之符號

(2)　光敏電阻之製作係將鎘混合物如硫化鎘(CdS)、硒化鎘(CdSe)等來回塗在陶瓷基板上而成，陶瓷基板用以絕緣而來回彎曲係爲增加其靈敏度，如圖 9-19 所示。

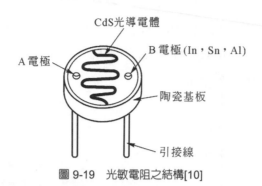

圖 9-19　光敏電阻之結構[10]

(3)　光敏電阻之應用

① 因光敏電阻之阻值與照度成反向變化，故配合電晶體偏壓電路可用以導通或截止電晶體。燈光的自動點滅(如路燈)即為一例，如圖 9-20 所示。

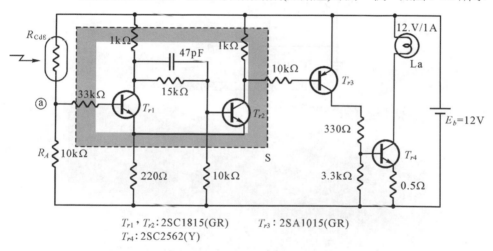

T_{r1}，T_{r2}：2SC1815(GR)　　T_{r3}：2SA1015(GR)
T_{r4}：2SC2562(Y)

圖 9-20　燈光自動點滅電路[10]

a.　由 R_{Cds} 及 R_A 組合成之 T_{r1} 分壓器偏壓電路，由 R_{Cds} 決定 a 點電壓及 T_{r1} 是否導通。$V_a = \dfrac{R_A}{R_A + R_{Cds}} E_b$，光線愈強，$V_a$ 愈高。

b.　虛線框內為史密特觸發電路(Schmitt Trigger)，它提供一遲滯區，輸入信號(V_a)需大於該電路之上激發點(UTP)或小於下激發點(LTP)時，該電路才有轉態輸出。如此可避免雜訊干擾並可消除臨界點附近 L_a 發生之閃爍。

c.　T_{r3} 將 S 之輸出信號放大，用來決定 T_{r4} 是否導通以驅動 L_a。

209

② 將光敏電阻與參考電阻組成分壓電路即可量測照度。其電路示意圖如圖 9-21 所示。照度計實體圖請見圖 9-22。

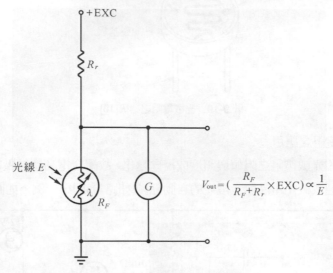

$$V_{out} = (\frac{R_F}{R_F + R_r} \times EXC) \propto \frac{1}{E}$$

圖 9-21　照度計之電路示意圖

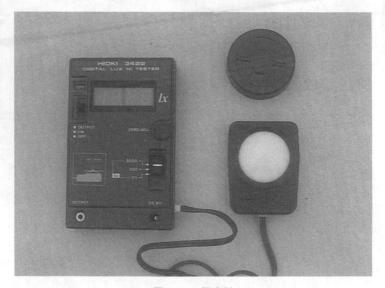

圖 9-22　照度計

1. 可見光之波長範圍為何？

2. 所謂輻射光包括哪些成分？其頻率範圍為何？

3. 何謂光伏打效應？請繪圖並舉例說明之。

4. 何謂發光效率？

5. 請繪圖說明光傳導效應之原理。

6. 光二極體之動作原理為何？請試繪其等效電路。

7. 請說明光電晶體與雙極電晶體有何不同？其動作原理如何？

8. 請舉一光電晶體之應用實例，並繪圖說明其原理。

9. 請說明太陽能電池之原理。有何用途？請舉一實例說明。

10. 光敏電阻之動作原理為何？

11. 請說明照度應如何量測？

12. 路燈均為自動點亮及點滅，請設計一燈光自動開關電路並設計決定每一元件值。

各種開關

開關(Switch，Detector)，雖然僅能提供不連續的 ON-OFF 信號，但是不論是在控制工程或是日常生活中，卻應用得十分廣泛。它主要的功能在於感知事件(Event)的發生與否，從開關的輸出信號可知事件的狀態(State)，對於不同的物理量則有不同的感測開關。開關僅與臨界值作比較，精確值則無法量得。

開關依其作動方式的不同，可作如下的分類(表 10-1)：

表 10-1　開關的分類

控制方式	作動因素	名稱	附註
非觸控	熱能	溫度開關	有雙金屬、半導體、水銀、SMA 等類型
	光能	光電開關	有光耦合器及受光元件作動等類型
	磁極	磁簧開關	
	電容	電容開關	統稱近接開關(Proximity Switch)
	磁場	磁感應開關	
觸控	碰觸	微動開關(Micro-Switch)	或稱極限開關(Limit Switch)
	傾斜	角度開關	有水銀式、滾珠式等類型
	壓力	壓力開關	有彈簧、壓電、光學、化學感壓板等型式

10.2　光電開關(Photoelectric Switch)

10.2-1　分類

　　光電開關係以光源驅動，使其輸出轉態。但依其構造及作動方式的不同，可分類歸納如表 10-2。

表 10-2　光電開關的分類

類型	名稱	作動方式
光耦合器(Photo-Coupte) (有發光及受光元件)	1. 光遮斷器(Photo-Interrupter)	透過式
	2. 光反射器(Photo-Reflector)	反射式
	3. 光隔離器(Photo-Isolator)	封閉式
光電元件(Photo-Element) (僅受光元件)	1. 光二極體(Photo-Diode)	逆向漏電流
	2. 太陽能電池(Solar-Cell)	光伏打效應
	3. 光敏電阻(Photo-Resistor)	光傳導效應

10.2-2　光遮斷器

1. 此型開關兼具有發光元件與受光元件，其特色為發、受光元件兩者安裝於相對位置。若有不透光物體介於兩者之間而遮斷光線，則受光元件輸出轉態，如圖 10-1 所示。

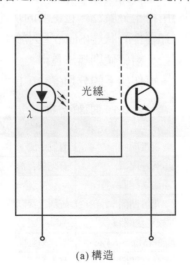

光線

λ

(a) 構造

圖 10-1　光遮斷器

(b) 實體

圖 10-1　光遮斷器(續)

2. 發光元件多為發光二極體(LED)，可視需要選擇其為可見光或不可見光。受光元件則可為光電晶體、光達靈頓或是光閘流體(如 LASCR)等。

3. 此型開關可作計數器、防盜器、煙霧感測器等用途。

■ 10.2-3　光反射器

1. 此型開關亦兼具發光及受光元件，而其特色則為發、受光元件安置並列於同側。若有待測物接近，則受光元件接受由待測物反射而來之光線使輸出轉態。如圖 10-2 所示。

2. 發受光元件同光遮斷器。

3. 用途同光遮斷器，然因發、受光元件同側，空間使用較為節省，安裝亦較方便。

4. 圖 10-2(b)為自動門之光電開關(門內外各有一具)，調整其接收靈敏度則可設定作動光電開關所容許待測物與接收器間之最大距離，即限制特定高度以上之待測物(人)方可作動開啓自動門。

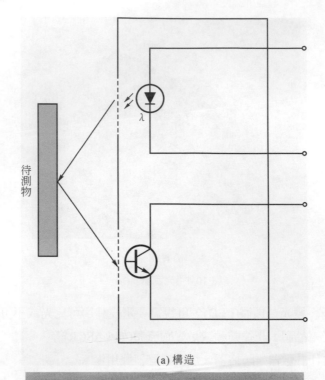

(a) 構造

(b) 實體

圖 10-2 光反射器(續)

■ 10.2-4　光隔離器

1. 此型裝置亦有發光及受光元件，兩者相對安置並密封於不透光之包裝中，如圖 10-3 所示。

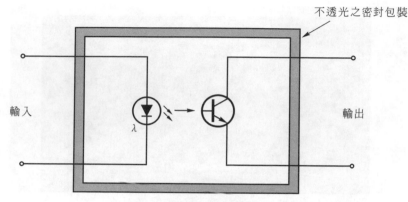

不透光之密封包裝

輸入　　　　　　　　　　　　　　　　　　　　　　　　輸出

圖 10-3　光隔離器

2. 輸入信號經光耦合送至輸出端，輸入與輸出間無導線相連。

3. 此裝置多用於高電壓或大功率之電路，如「發射機(Transmitter)」與訊號源間之信號傳輸。為避免大電流回傳，藉此裝置隔開以保護電路。

4. 多用於數位信號傳輸。

10.3　磁簧開關(Magnetic Reed Switch)

1. 構造
    (1) 由一組磁性簧片封入充有惰性氣體(N_2等)之玻璃管中而成。
    (2) 簧片的接點部分具抗磨耗特性，是由鉑、金、銠等貴金屬所構成，如圖 10-4 所示。

2. 型式
    (1) 常開型(Normal Open Type)。
    (2) 常閉型(Normal Close Type)。
    (3) 交換型(Switching Type)。

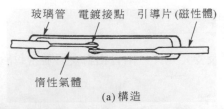

玻璃管　電鍍接點　引導片 (磁性體)

惰性氣體

(a) 構造

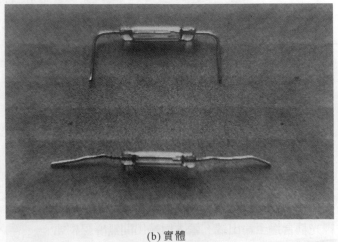

(b) 實體

圖 10-4　磁簧開關

3. 動作

(1) 當外部有磁極接近，則接點會有開啓或閉合的動作。

(2) 接點的動作依其型式及磁極極性及接近方向而定，如圖 10-5 所示。

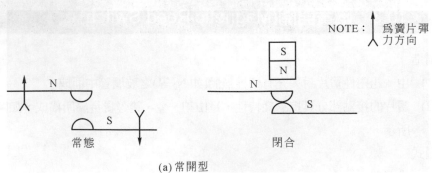

NOTE：為簧片彈力方向

常態　　　　　　　　　　　　　　　　　　　閉合

(a) 常開型

圖 10-5　各型磁簧開關的動作

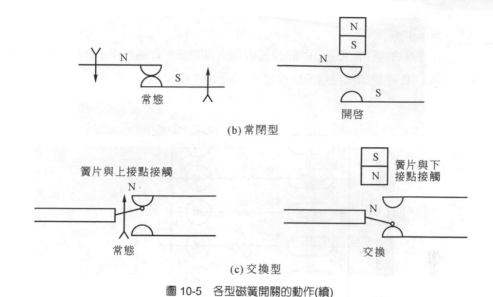

(b) 常閉型

(c) 交換型

圖 10-5　各型磁簧開關的動作(續)

4. 特性

(1) 頻率響應：0～500Hz。

(2) 最大電流：0.3A(一般)。

(3) 最高電壓：10kV。

(4) 屬近接開關之一種。

(5) 型小、質輕、價廉。

5. 應用

(1) LED 亮滅電路

磁簧開關隨轉子旋轉而開關，LED 亦隨之亮滅。

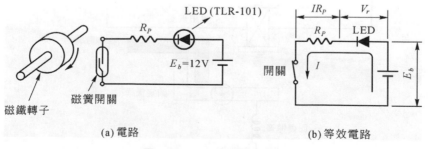

(a) 電路　　　　　　　(b) 等效電路

圖 10-6　LED 亮滅電路[10]

(2) 液位指示

在貯液槽(塔)中依適當間隔設置數個磁簧開關，以磁性浮子作動磁簧開關，則 LED 亮處即為目前液面高度；如圖 10-7 所示。

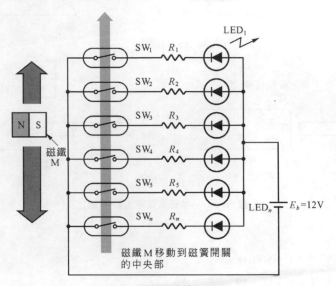

圖 10-7 磁浮子液位指示器[10]

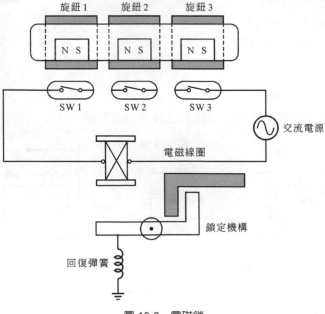

圖 10-8 電磁鎖

(3) 電磁鎖

　　如圖 10-8 所示,設置若干個磁簧開關,彼此間形成一邏輯「和(AND)」的關係,所有的磁簧需同時為 ON 方能啟動電磁線圈,使鎖定機構解鎖。

(4) 頻率－電壓轉換器(F-V Converter)

　　經由磁簧開關的開閉,可將磁性轉子的轉速變成脈波送入此電路,此電路即送出與轉速成比例的類比電壓信號;如圖 10-9 所示。

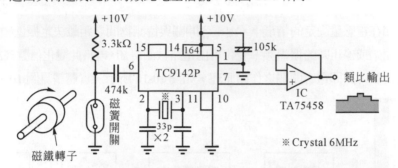

(a) IC電路

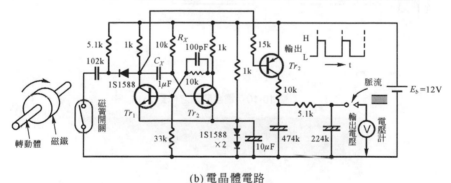

(b) 電晶體電路

圖 10-9　F-V 轉換電路[10]

 ## 10.4　電容開關(Capacitor Proximity Switch)

1. 原理

　　電容開關本身為一振盪電路,振盪頻率 f_r 由下式決定

$$f_r = \frac{1}{2\pi\sqrt{LC}} \text{ (Hz)} \tag{10.1}$$

其中 L：電感量(H)

$\quad$ C：電容量(F)

電容開關之感測面與待測物間形成之「雜散電容(Stray Capacitance)」即為振盪電路之電容值。另由第 4 章第 4 節得知電容值與兩極板間距離成反比，即

$$C = K \frac{A}{d}$$

故可知在電感量固定的情形下，由電容開關與待測物間之距離決定振盪頻率。振盪現象開始或停止時的振盪頻率變化可由電路檢測得知，再將此變化信號經放大後去驅動負載，此即電容開關之作動原理，如圖 10-10 所示。實體請見圖 10-11。

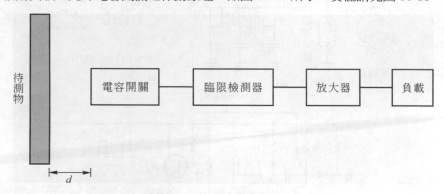

圖 10-10　電容開關之作動

圖 10-11　電容式近接開關

2. 特性

(1) 可感測任何材質的材料。

(2) 可感測固體、液體及密度高之氣體。

(3) 因從外部感測，故對於高壓鍋爐或貯液槽內液體之液位感測時，無需解決液密(Liquid-Tight)及壓密(Pressure-Tight)的問題。

(4) 不必與靶材(Target Material)接觸，為近接感測器之一種。

10.5　磁感應開關(Inductive Proximity Switch)

1. 原理

導磁性材料可傳導磁場，然因磁阻(Maganetic Resistance)之故，會使材質產生渦電流(Eddy Current)而造成磁損。磁感應開關即依據此原理進行感測。因各種材料之導磁係數不同，故各種材料與磁感開關間之「介入距離(Intervension Distance)」亦不相同。當導磁靶材進入介入距離內時，振盪器因磁損而使得振幅衰減，振幅衰減量經檢測電路檢出並將信號送至放大器放大以驅動負載，如圖 10-12 所示。

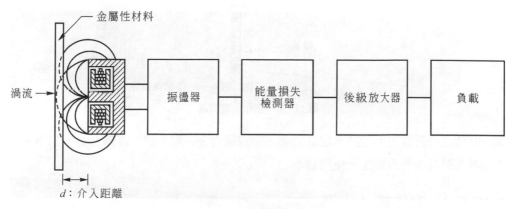

圖 10-12　磁感應開關[5]

2. 特性

(1) 僅可感測導磁材料。

(2) 另亦有與靶材間距離成線性電壓輸出之裝置，可測距。

(3) 因不直接與靶材接觸，故亦屬近接開關之一種。

10.6 角度開關(Angle Switch)

角度的量測在本書第六章中已有討論。但若僅關心待測物是否發生大於設定之角位移時，角度開關是很好的檢出裝置。

■ 10.6-1 水銀式

1. 因水銀為可導電之液體金屬，故若以其包覆兩開路之導線，則此兩導線間即成通路。依此觀念可製作水銀角度開關，如圖 10-13 所示。

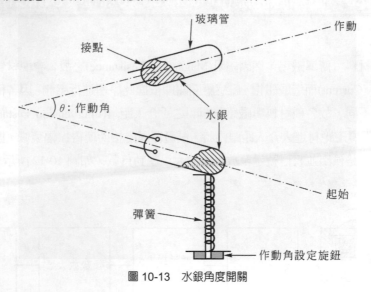

圖 10-13 水銀角度開關

2. 接點之材質需為不溶於水銀之金屬，如鎳鐵合金、鉬、鎢、鉻鐵合金、鉑等。
3. 因水銀有毒及腐蝕性，使用需小心。

■ 10.6-2 滾珠式

1. 如圖 10-14，滾珠壓住致動桿，致使 a、c 間導通；若滾珠開關傾斜角大於設定角，則滾珠滾動而不再壓住致動桿，回復彈簧將致動桿上頂，導致 b、c 間導通，輸出轉態。
2. 此型開關相當靈敏，致動角度通常很小，也可作水平儀使用。

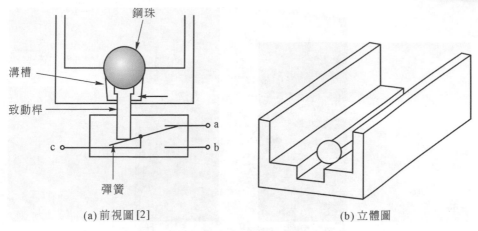

(a) 前視圖 [2]　　　　　　　　　　　　　　(b) 立體圖

圖 10-14　滾珠式角度開關

10.7　壓力開關(Pressure Switch)

1. 如圖 10-15，兩接點靠彈簧力頂住而相接觸，若待測壓力大於彈簧力，則接點分離，開關輸出轉態。

2. 可由調整旋鈕設定作動壓力。

3. 另有以壓電晶體感測及以感壓板配合光電開關使用的壓力開關。

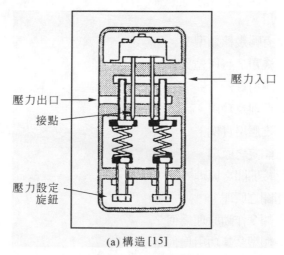

(a) 構造 [15]

圖 10-15　壓力開關

(b) 實體

圖 10-15　壓力開關(續)

1. 請說明開關的功用。

2. 何謂近接開關？有哪幾種類型？

3. 光耦合器分成哪幾類？有何差異？

4. 請舉光遮斷器之應用實例。

5. 說明光隔離器之原理及功用。

6. 請舉出磁簧開關之應用實例。

7. 請繪圖說明電磁鎖定之原理。

8. 請說明電容式近接開關之原理。

9. 請說明磁感應開關之原理。

10. 角度開關分哪兩類？作動原理為何？

11. 壓力開關有哪些類型？其功用為何？

12. 請舉出壓力開關之應用實例。

附錄一 倍數字首和符號

倍數(分數)	字首	符號
10^{18}	(exa)	E
10^{15}	(peta)	P
10^{12}	兆(tera)	T
10^{9}	十億(giga)	G
10^{6}	百萬(mega)	M
10^{3}	仟(kilo)	k
10^{2}	佰(hecto)	h
10^{1}	十(deka)	da
10^{-1}	分(deci)	d
10^{-2}	厘(centi)	c
10^{-3}	毫(milli)	m
10^{-6}	微(micro)	μ
10^{-9}	毫微，奈(nano)	n
10^{-12}	微微(pico)	p
10^{-15}	毫微微(femto)	f
10^{-18}	微微微(atto)	a

附錄二　各種表面的總常態發射係數(近似值)[1]

表面(@21℃)	發射係數
無光澤的黑油漆	0.97
炭，煤煙	0.96
石棉板	0.93～0.96
粗糙的鋼板	0.95
水	0.95
磚	0.93
熔於鐵上的白色瓷釉	0.90
氧化銅	0.75
氧化鐵	0.74
加鋁粉的油漆	0.27～0.67
氧化鋁	0.20～0.30
磨光的鋁	0.09
磨光的鋼	0.07
光亮的錫	0.06
磨光的黃銅	0.06
磨光的純銅	0.03

附錄三　高速攝影機之規格(資料來源：美國 Photo-Sonic 公司型錄)

Photo-Sonics
magazine loading camera
Series 2000 16mm-1PL

High-speed intermittent pin-registered

The most versatile 16mm motion picture camera available today . . . capable of time-lapse, normal speed, and up to 500 fps . . . featuring interchangeable magazines of 200', 400' and 1200', plus the new state-of-the-art synchronous phase lock option!

This unique, rugged data recording camera is exceptionally clean in mechanical and electrical design for high reliability to meet exacting requirements for time-lapse to medium high-speed motion picture jobs today.

Unique features —

- The body is always the same size; overall size is only increased when the 400' or 1200' magazines are used.
- Variable shutter can be externally adjusted quickly and easily with no tools; no re-timing of camera required.
- Neon or LED timing lights may be easily replaced from outside the camera, without disturbing the film load.
- Convert to pulse configuration in approximately 30 minutes with kit, using standard tools; no soldering is required. No need to purchase a complete new camera.
- Front plate anodized flat black with a power connector for Apex-B automatic exposure control. The "C" mount is threaded so focusing and iris index are always viewed from the left side of the camera when using Schneider lenses. These lenses are also compatible with the Apex-B.
- Boresight provides positive and direct straight-through viewing. Because of quick-change magazine capability, boresighting can be accomplished in minimum time.
- If usage dictates different film capacities, different film magazines are available rather than purchasing an entire new camera, resulting in considerable cost savings; 200', 400' or 1200' magazines interchange with no adjustment to camera or magazine.
- Each magazine has a spring-loaded viewing port for viewing film and transport.
- Magazines are near-automatic threading with no climbing loop.
- Because the magazine can only be properly threaded one way, timing mark offset is always 14 frames.
- Film magazines can be interchanged in less than 10 seconds and camera/magazine drive interface is automatically aligned.
- All film magazines thread identically and film is always positively locked by either the two register pins or the two pulldown pins. All magazines will accept either .2994" or .3000" pitch film with no adjustments.
- Camera body requires no lubrication; minimum lubrication of magazines . . . (only 3 points to oil.)
- All parts are interchangeable from camera to camera. New parts may be installed with no special tools required.
- Standard 16-1PL camera can be converted to reflex viewing by interchanging the "C" mount front plate to the continuous reflex front plate.
- Plug-in DC power amplifier has unique reverse polarity protection including audible alarm to warn operator.
- Phase lock synchronization plug-in module option.
- Remote speed control module option.

(a) 1 PL外形及特性

Frame rate.	10 to 500 frames per second(fps), infinitely variable. (400 fps maximum rate with 1200 foot magazine)
Accerleration.	Three-second active linear acceleration ramp from 0 to 500 fps. Acceleration times for other rates is directly proportional to max. rate three-second ramp.
Frame rate accuracy.	$\pm 2\%$ of frame rate setting, or ± 2 frame, whichever is greater.
Film capacity.	200-ft, 400-ft, or 1200-ft. daylight loading magazine.
Film.	16mm double – perforated. Either 0.3000"(long) pitch, (USA PH22.5-1953) ; or 0.2994"(short) pitch, (USA PH22.110-1965).

Timing lights.
  Standard front plate.
 	
  Reflex front plate
	LED(light emitting diodel) – P/N 5082-4658(HP). (Peak response 835nm) Neon – C9A(NE-2J). LED – IN6092.

Timing light offset.	Always a 13-frame displacement between timing light mask and camera aperture center when threaded per instructions.
Lens.	Type "C"; 1" diameter-32 pitch thread, and 0.690" distance from lens seat to film plane.
Camera power. AC (Max fps). DC	115 volts, ± 10V, 50 to 400 Hz; 5A surge & 3A continuous. 28 volts, ± 4V; 24A surge & 12A continuous.
Heater power.	Thermostatically controlled. On at $60°F \pm 5°F$ or below. OFF at $80°F \pm 5°F$ or above. 115 volts, 300 watts. 28 volts, 200 watts.
Fuse. 115V AC camera only.	Type : Microfuse 5A ; Mft. Littlefuse P/N 273005, PSI P/N 2706. Breaks power in AC operated cameras.
Connector for mating cable.	Type PT06A-14-19S(SR). See Figure 3 for wiring.

Lubricants.
  Camera aperture and
  magazine front & back
  plates.
  Register pin mechanism.
	Dow Corning No. 200 Water Soluble Oil, Viscosity 100CS, Dielectric Grade.
	
	MX 90.

Weights.
  Camera body only.
  200-ft. magazine.
  400-ft. magazine.
  1200-ft. magazine.
	6 pounds.
	5 pounds(with film).
	8 pounds(with fiilm).
	15 pounds(with film).

QUICK-REFERENCE SPECIFICATIONS.

(b) 1 PL 之規格表

Frame rate	Cine： Pulse：	Selectable 24, 48, 64, 100, 150, 200 fps. Selectable PLS, 16, 24, 48, 64, 72, 100 fps.
Frame rate accuracy		±2% of frame rate setting, or ±2 frames, whichever is greater.
Run control	Cine： Pulse：	+28V to pin B(Pin C is Return) for duration of operation. +28V Pulse(158 ms±2 wide) to pin B for each exposure. Up to 12 pulses per second.
Film capacity		65-ft, 100-ft, 200-ft, darkroom load；200-ft, daylight load.
Film		Uses both .3000" pich (USA PH 22. 5-1953) and .2994" pitch (USA PH 22. 110-1965), both 4 mil and 6 mil with no adjustment.
Shutter		Fixed 120°；substitution of one fixed 9°, 18°, 36° and 72° available at no additional cost at time of purchase.
Timing lights		Two LEDs, one each side of film outside picture area. (Hi-Eff. Red, P/N CMD-5774-C, Gen. Instr.)
Shutter Correlation Pulse		Pulse Level – 5V + 1V with 4.7K ohm load Impedance – 820 ohms Pulse Width – 0.1 milliseconds @ all frame rates Correlation Reference – leading edge of pulse
Timing light offset		Always 3" of 10 frames displacement between timing light mask and camera aperture center when threaded per instructions. Timing marks are trailing.
Lens		Type "C"；1" diameter – 32 pitch thread, and 0.690" distance from lens seat to film plane.
Camera power (Max fps)	Cine： Pulse：	28VDC±4V；17A surge fpr 0.125 sec; 2.5A Run. 28VDC±4V；5A surge for 0.125 sec; 1.5A Run.
Heater power		28V, 100 watts；115V input, special order. Thermostatically controlled. On at 40°F±5°F or below. Off at 80°F±5°F or above.
Connector for mating cable		Type PT01A-12-10S(SR)
Lubricants Camera aperture and magazine front & back plates. Register pin mechanism		Dow Corning No. 200 Water Soluble Oil, Viscosity 100CS. Dielectric Grade. MX90.
Weights Camera body only. 65 ft. magazine 100 ft. magazine 200 ft. magazine 100 ft. magazine		1.50 lbs. 1.35 lbs. with film 1.56 lbs. with film Darkroom Load 2.44 lbs. with film 2.25 lbs. with film Daylight Load
Overrun	Cine： Pulse：	0.5 or 10 sec. after run command is terminated. Not applicable for pulse mode.
Aperture size		296"×552"

QUICK-REFERENCE SPECIFICATIONS

(c) 1 VN 之規格表

附錄四　一公尺之定義[24]

1. 最原始定義為：通過巴黎的子午線，由北極至赤道間線長度的一千萬分之一。
2. 法國人卜達以鉑銥合金製成一 X 型棒，定於 0℃時其上兩刻劃間之長度為標準一公尺。此 X 型棒稱為公尺原器(請見附圖)。
3. 後又訂定 Kr-86 (氪的同位素，原氪之原子量為 83.8)所發射橘黃色光在真空中波長之 1650763.73 倍為一公尺。此值乃將該光之波長與公尺原器經仔細比較後獲得。
4. 1983 年於第 17 屆國際度量衡大會中，又訂定光於一秒鐘內所走距離的 299792458 分之一為一公尺。

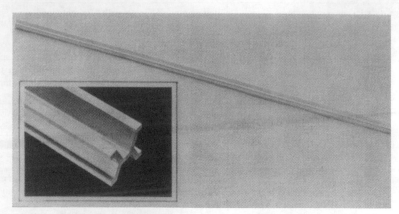

公尺原器(Meter Prototype)，現置於法國國家重量及量測局

附錄五　霍耳元件之規格表[2]

廠商	型名	種類	構造	內部阻抗 (Ω)	制御電壓電流 (V or mA)	積感度 (mV/mA·kg)	不平衡電壓 (mV)	霍爾電壓的溫度係數 (%/°C)	霍爾電壓 (mV)
旭化成電子	HW101A	InSb	蒸著	245~550	1V	50~110	±7	−2	122~204
	HW200A/300A/300B			245~550	1V	50~110	±7	−2	122~274
	HW300C/302C			245~550	1V	50~110	±7	−2	31~74
先鋒精密	PCH100	InSb	蒸著	250~550	10mA	12~32	±20	−2	60~160
	H1			150~600	12mA	10~25	±35	−2	30~130
	H1			150~600	10mA	35~100	±35	−2	350~1000
村田製作所	HE04MF07FZZ	InSb	容積	8~60	10mA	4~29	±10	−2	40~290
	HE04MF19FZZ			8~60	10mA	8~60	±10	−2	80~600
	HE04MF07FZZ			70~400	1V	—	±10	−0.3	70~120
	HE04MF15FZZ			70~400	1V	—	±10	−0.3	150~250
東芝	THS 102A	GaAs	外延的	450~900	1mA	10~30	—	−2	10~30
	THS 103A			450~900	5mA	10~24		−2	50~120
	THS 105			450~900	5mA	10~24	—	−2	50~120
	THS 106A			450~900	5mA	13~34		−2	65~170
	THS 107A			450~900	5mA	13~34	—	−2	65~170
	THS 108A			450~900	5mA	13~34		−2	65~170
松下電子	OH002	GaAs	外延的	850 typ	6V	—	—	−2	96~128
	OH003/004			850 typ	6V	—	—	−2	130~170
	OH007/008			850 typ	6V	—	±19	−2	80~130
	OH009/010			850 typ	6V	—	±19	−2	80~130
	OH011			3k~6.5k	6V	—	±19	−2	145~215

附錄六　電流感測用霍耳 IC 規格表[9]

Type-code 型號	符號 Symbol	LB-10GA	LB-20GA	LB-30GA
Nominal Input Cuttent(F.S.) 名義輸入電流	If	100 AT DC	20 AT DC	30 AT DC
Linear Range 線性範圍	—	0 to　± 300 AT DC		
Output Voltage 輸出電壓	V_n	4V ± 1% /100 AT DC	4V ± 1% /200 AT DC	4V ± 1% /300 AT DC
Zero Current Offset 零電流偏差	V_o	Within ± 0.03V at If－0		
Linearity of Output 輸出線性度	ρ	Within ± 1% of V_n at If : F.S.		
Supply Voltage 電源	V_{CC}	± 15V DC		
電源精度 Fluctuation of Supply Voltage	—	Within ± 1%		
Durability against Over Supply Voltage 過電壓	—	Within ± 30% × 1 μsec		
Response Time 反應時間	T_{rr}	7 μsec Max. at di/dt = 100 A/μsec		
Thermal Characteristics of Output 輸出溫度特性	—	Within ± 0.1% c (Within ± 0.08%/℃ Typucal) at RIi = 10k Ω　and If : F.S.		
Thermal Characteristics of Zero Current Offset(Zero Drift) 零輸入電流之溫度特性	—	Within ± 1mV/℃　at If－0		
Hysteresis Error(not including Zero Current Offset)應差誤差	—	Within ± 0.03V at If－100A → 0		
Dielectric Strength 電氣強度	—	2.5kV AC with 50 or 60 Hz × 1 minute		
Insulation Resistance 絕緣阻抗	—	500MΩ Min. at 500V DC		
Operating Temperature 操作溫度	T_a	－ 10℃　to + 80℃		
Storage Temperature 儲存溫度	T_s	－ 15℃　to + 85℃		
Appearance(Drawing Number)	—			
Note：				

(a)

Type-code 型號 Parameter 參數	符號 Symbol	NINC-20CTA 2V-100A	NINC-20CTA 4V-100A	NINC-20CTA 6V-100A	NINC-20CTA 8V-100A
名義輸入電流 Nominal Input Cuttent (F.S.)	If	100 AT DC			
Linear Range 線性範圍	—	0 to ± 300 AT DC		0 to ± 200 AT DC	0 to ± 150 AT DC
Output Voltage 輸出電壓	V_n	2V ± 1% /100 AT DC	4V ± 1% /100 AT DC	6V ± 1% /100 AT DC	8V ± 1% /100 AT DC
Zero Current Offset 零電流偏差	V_o	Within ± 0.03V at If − 0			
Linearity of Output 輸出線性度	ρ	Within ± 1% of V_n at If : F.S.			
Supply Voltage 電源	V_{CC}	± 15V DC			
電源精度 Fluctuation of Supply Voltage	—	Within ± 1%			
Durability against Over Supply Voltage 過電壓	—	Within ± 30% × 1 μsec			
Response Time 反應時間	T_{rr}	15 μsec Max. at di/dt = 100 A/μsec			
Thermal Characteristics of Output 輸出溫度特性	—	Within ± 0.1% c (Within ± 0.08%/℃ Typucal) at RL = 10kΩ and If : F.S.			
Thermal Characteristics of Zero Current Offset (Zero Drift) 零輸入電流之溫度特性	—	Within ± 1mV/℃ at If − 0		Within ± 1.5mV/℃ at If − 0	Within ± 2.0mV/℃ at If − 0
Hysteresis Error (not including Zero Current Offset) 應差誤差	—	Within ± 0.03V at If − 100A → 0			
Dielectric Strength 電氣強度	—	2.5kV AC with 50 or 60 Hz × 1 minute			
Insulation Resistance 絕緣阻抗	—	500MΩ Min. at 500V DC			
Operating Temperature 操作溫度	T_a	− 10℃ to + 80℃			
Storage Temperature 儲存溫度	T_s	− 15℃ to + 85℃			
Appearance (Drawing Number)	—				
Note :					

(b)

NOTE：1. If 之單位為安培(A)

2.本規格表之測試溫度為 25℃ (T_a = 25℃)

附錄七 電流換能器規格表(資料取材自美國 OSI 公司換能器型錄)

OSI CURRENT TRANSDUCERS CT-L SERIES

DC TO 5 KILOHERTZ RESPONSE

 CT1KHT
 CT50LT
 CT200LT
 CT1KLTS SPLIT-CORE OPTION

FEATURES AND APPLICATIONS:

- 5000 Volt line-to-output isolation
- DC to 5 kilohertz response
- Bi-directional operation
- Linearly 0.5%
- ±1% change over temperature range
- Less than 50 microsecond response time
- Output is proportional in direction and magnitude to the current flow through the window

- Sustained overload capability to 50 times rating
- Stable during severe vibration
- Easy installation
- Split-core models available
- Suited for variable frequency AC systems with DC components or chopped waveforms
- Replace shunts
- No insertion loss

SPECIFICATIONS FOR CIRCULAR WINDOW MODELS (For Signal Conditioners, see Page 10)

MODEL	ENCLOSED CURRENT AMPS	EXCITATION CURRENT mA (NOM.)	OUTPUT mV (TYP.)	LINEARITY % FS	OUTPUT CHANGE OVER TEMP. RANGE	TEMPERATURE RANGE °C		RESISTANCE TYP. IN Ω	RESISTANCE TYP. OUT Ω	TRANSDUCER DRAWING See Page 27
CT50L	50 RMS	100	30	0.5	−0.15%°/C	−40	+65	4	3	A
CT50LTT	50 RMS	100	20	0.5	±1%	0	+40	4	25	A
CT50LT	50 RMS	100	20	0.5	±1%	−40	+65	4	25	A
CT100L	100 RMS	100	50	0.5	−0.15%°/C	−40	+65	4	3	C
CT100LTT	100 RMS	100	50	0.5	±1%	0	+40	4	25	C
CT100LT	100 RMS	100	50	0.5	±1%	−40	+65	4	25	C
CT200L	200 RMS	100	75	0.5	−0.15%°/C	−40	+65	4	3	D
CT200LTT	200 RMS	100	50	0.5	±1%	0	+40	4	25	D
CT200LT	200 RMS	100	50	0.5	±1%	−40	+65	4	25	D
CT400L	400 RMS	100	50	0.5	−0.15%°/C	−40	+65	4	3	D
CT400LTT	400 RMS	100	50	0.5	±1%	0	+40	4	25	D
CT400LT	400 RMS	100	50	0.5	±1%	−40	+65	4	25	D
CT600L	600 RMS	100	75	0.5	−0.15%°/C	−40	+65	4	3	E
CT600LTT	600 RMS	100	50	0.5	±1%	0	+40	.4	25	E
CT600LT	600 RMS	100	50	0.5	±1%	−40	+65	4	25	E
CT1KL	1000 RMS	200	75	0.5	−0.15%°/C	−40	+65	25	6	E
CT1KLTT	1000 RMS	200	50	0.5	±1%	0	+40	25	25	E
CT1KLT	1000 RMS	200	50	0.5	±1%	−40	+65	25	25	E
CT2KL	2000 RMS	200	150	0.5	−0.15%°/C	−40	+65	25	6	E
CT2KLTT	2000 RMS	200	100	0.5	±1%	0	+40	25	25	E
CT2KLT	2000 RMS	200	100	0.5	±1%	−40	+65	25	25	E

TRANSDUCERS FOR BUSS BAR APPLICATIONS (RECTANGULAR WINDOW)

CT4KLT	4000 peak	200	150	1.0	±1%	−40	+65	25	25	G
CT5KLT	5000 peak	200	150	1.0	±1%	−40	+65	25	25	G
CT8KLT	8000 peak	200	75	1.0	±1%	−40	+65	12	25	H
CT1KHT	1KA peak	100	75	1.0	±1%	−40	+65	25	25	Z
CT1.2KHT	1.2KA peak	100	75	1.0	±1%	−40	+65	25	25	Z
CT2KHT	2KA peak	100	100	1.0	±1%	−40	+65	25	25	Z
CT2.2KHT	2.2KA peak	100	100	1.0	±1%	−40	+65	25	25	Z
CT3KHT	3KA peak	100	100	1.0	±1%	−40	+65	25	25	Z
CT4KHT	4KA peak	100	100	1.0	±1%	−40	+65	25	25	Z
CT5KHT	5KA peak	100	75	1.0	±1%	−40	+65	25	25	Z

NOTES: The split core option is available on all Models except the 50 Ampere size. To order, add the letter "S" to the Model Number. The electrical isolation (line to output) is at least 5000 volts for all Models, except the 50 Ampere size which is rated at 600 volts.

OHIO SEMITRONICS, INC. 1205 CHESAPEAKE AVENUE, COLUMBUS, OHIO 43212-2287
PHONE (614) 486-9561 • TWX 810-482-1630

(a) 電流換能器規格

DC & RMS SIGNAL CONDITIONERS CTA SERIES

MODEL	RATED INPUT SIGNAL	RATED OUTPUT SIGNAL	EXCITATION CURRENT OUTPUT	CAL ADJUSTMENT		LOAD ON OUTPUT	INSTR. POWER
				AMPLIFIER GAIN	EXCITATION CURRENT		

ANALOG MODELS, AC IN AC OUT, dc IN dc OUT

MODEL	RATED INPUT SIGNAL	RATED OUTPUT SIGNAL	EXCITATION CURRENT OUTPUT	AMPLIFIER GAIN	EXCITATION CURRENT	LOAD ON OUTPUT	INSTR. POWER
CTA101	±50 mV	±10V	100 mA	Fixed	±30%	>2KΩ	115VAC
CTA201	±50 mV	±10V	200 mA	Fixed	±10%	>2KΩ	115VAC
CTA112	±50 mV	4-20 mA	100 mA	±20%	Fixed	0-500Ω	115VAC
CTA212	±50 mV	4-20 mA	200 mA	±20%	Fixed	0-500Ω	115VAC
CTA124	±50 mV	±10V	100 mA	Fixed	±30%	>2KΩ	24VDC‡
CTA224	±50 mV	±10V	200 mA	Fixed	±10%	>2KΩ	24VDC‡
CTA128	±50 mV	±10V	100 mA	Fixed	±30%	>2KΩ	28VDC‡
CTA228	±50 mV	±10V	200 mA	Fixed	±10%	>2KΩ	28VDC‡
CTA1173	±50 mV	±4 mA	200 mA	Fixed	±30%	0-2.5K	115VAC

RMS MODELS, AC AND/OR dc OUT

MODEL	RATED INPUT SIGNAL	RATED OUTPUT SIGNAL	EXCITATION CURRENT OUTPUT	AMPLIFIER GAIN	EXCITATION CURRENT	LOAD ON OUTPUT	INSTR. POWER
CTA113	50 mV RMS	+10VDC	100 mA	±20%	Fixed	>2KΩ	115VAC
CTA213	50 mV RMS	+10VDC	200 mA	±20%	Fixed	>2KΩ	115VAC
CTA114	50 mV RMS	+1 mA DC	100 mA	±20%	Fixed	0-10KΩ	115VAC
CTA214	50 mV RMS	+1 mA DC	200 mA	±20%	Fixed	0-10KΩ	115VAC
CTA115E	50 mV RMS	4-20 mA DC	100 mA	±20%	Fixed	0-500Ω	115VAC
CTA215E	50 mV RMS	4-20 mA DC	200 mA	±20%	Fixed	0-500Ω	115VAC

FEATURES AND APPLICATIONS:

- Designed for use with OSI current transducers (see Page 11)
- Suitable for monitoring or control purposes
- CTA113 through CTA215E provide an output directly proportional to the true RMS value
- Calibration and zero adjustments provided

SPECIFICATIONS:
AMPLIFIER:
Linearity: 0.1% RO
Frequency Range: DC to 5 KHz
Output Response: to 90% 40 μsec. (RMS Models) 200 msec.
Ripple: <0.25% RO
Crest Factor: 3 within rating 7 within 1%
Short Circuit Protected: Yes
Isolation: Input/Output isolated from case

EXCITATION CURRENT:
Regulation: Line/Load ±0.01%
Output Voltage at Full Load: 6 VDC

TEMPERATURE EFFECTS:
(0-70°C) ±0.005%/°C

INSTRUMENT POWER:
115 VAC ±10%, 5W, 50-400 Hz
24/28 VDC ±10%, 8W, DC
(Positive to Terminal 8)

For dimensions, see Page 27. Case size F.

NO CHARGE FOR CALIBRATION OF CTA WITH CT-L SERIES TRANSDUCERS SHOWN ON PAGE 11.

INPUT OPTIONS: (OPTION LETTER INDICATES INPUT TO MATCH TRANSDUCER OUPUT SHOWN ON PAGE 11)
Option (H) 75 mV Input
Option (P) 100 mV Input
Option (K) 150 mV Input

APPLICATION NOTES:
(1) When using an OSI current transducer, the output shield should be tied to terminal 3 on the signal conditioner.
(2) For a positive amplified output, connect the current transducer with the red polarity dot toward the most positive voltage terminal. See connections below.
(3) All RMS models provide a DC output proportional to the true RMS value of the input.
(4) All Analog models provide an output proportional to magnitude and direction.

CONNECTIONS

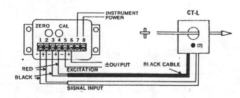

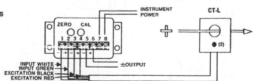

OHIO SEMITRONICS, INC.
1205 CHESAPEAKE AVENUE, COLUMBUS, OHIO 43212-2287
PHONE (614) 486-9561 • TWX 810-482-1630

(b) CT之信號處理器

TRANSDUCER, SENSOR AND TRANSFORMER DIMENSIONS

CASE-SIZE DRAWINGS

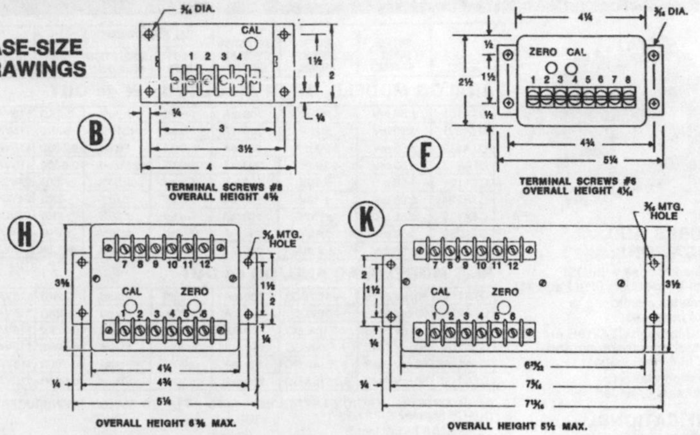

SENSOR OUTLINES AND DIMENSIONS

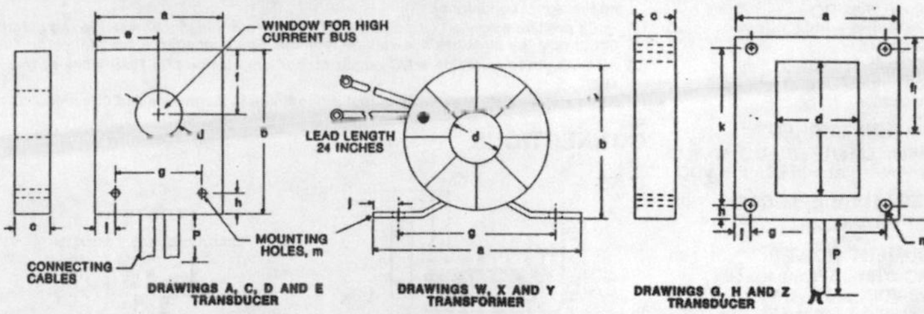

SENSOR DRAWING	OUTLINE DIMENSIONS (INCHES)												WEIGHT IN LBS.
	a	b	c	d	e	f	g	h	j	k	m	P*	
A	1 1/8	1 1/4	1/2	3/8	5/16	5/16	1/2	3/16	5/16	—	1/8	15	0.12
C	2	2	3/4	3/4	1	7/8	1 1/2	1/4	1/4	—	5/32	15	0.25
D	3 1/8	4	3/4	1 1/8	1 3/16	1 1/2	2 1/8	1/2	1/2	—	11/64	15	0.75
E	4 1/8	5	1 1/4	2	2 1/16	2	3 1/4	7/16	7/16	—	17/64	15	2.00
G	7 3/4	12	1 3/4	3 x 6 1/2	3 7/8	6	6 1/2	5/8	5/8	10 3/4	5/16	96	12.25
H	10	13 3/4	1 3/4	5 1/2 x 8	5	6 1/2	8 3/4	1 1/2	5/8	11 1/2	5/16	96	13.00
W	5 1/8	3 7/8	1 5/8	1 1/4	1 15/16	1 15/16	3 7/8	—	5/8	—	9/32	25	2.00
X	7 1/8	5 1/8	1 1/2	2 1/4	2 3/16	2 3/16	5 1/8	—	1	—	9/32	25	3.00
Y	7 1/8	5 1/4	1 1/2	2 3/4	2 5/8	2 5/8	5 1/8	—	1	—	9/32	24	2.25
Z	4 1/16	7 3/32	1 1/8	4 1/2 x 1 1/4	—	3 1/2	—	—	—	—	—	—	4.75

All Dimensions in Inches

* For Split Core Transducers, Cable is 96".

OHIO SEMITRONICS, INC. 1205 CHESAPEAKE AVENUE, COLUMBUS, OHIO 43212-2287
PHONE (614) 486-9561 • TWX 810-482-1630

(c) 尺寸表

附錄八　變流器規格表[2]

規格 型號	用途		大小寬高厚 (精密度 ±0.5mm)	孔徑 精密度 ±0.2mm	R_1 內部電阻 (精密度 ±10%)(Ω)	T 圈數 (精密度 ±0.2%)	50Hz 3% 最大輸 出電壓 V(rms)	I_o(max) 連續最大 流通電流 V	I_o(max) 斷續最大 流通電流 V
CTL-6-P	汎用	印刷板用	21×25×10	5.8	37	800	2.7	80	98
CTL-6-S		面板用	40×25×10						
CTL-6-P-400	民生用	印刷板用	21×25×10		7	400	1.4	40	45
CTL-6-S-400			40×25×10						
CTL-24-TE	貫通孔大圓形		56ϕ13	24	18	1000	9	400	500
CTL-11-TE	圓形		41ϕ13	11	30	1000	7	240	280
CTL-12-S56-20	泛用	大輸出電壓	40×40×15	12	116	2000	40	320	420
CTL-12-S56-10		標準			40	1000	18	300	350
CTL-12-S56-5		大輸出電流			10	500	9	300	350
CTL-12-S36-10		標準			37	1000	9	280	320
CTL-12-S36-4	民生用	12%角形			8	400	3.5	120	200
CTL-12-DC-25	直流用 CT	50A DC 用				2000	2 個一組 使用	交流激 勵電壓 (50Hz)	25V
CTL-12-DC-30		100A DC 用				2000			30V
CTL-12-DC-40		200A DC 用				2000			40V
CTL-12-CV-20	AC 20A FS 直流輸出					(1000)	$I_o=20\text{A}$　　$E_o=10\text{V}$		
CTL-12-50R	斷線 警報用 CT	20A～50A 用				1000	$I_o=20\text{A}$　　$E_o=2.5\text{V}$		
CTL-12-25R		10A～25A 用					$I_o=50\text{A}$　　$E_o=2.5\text{V}$		
CTL-12-12R		4.8A～12A 用					$I_o=25\text{A}$　　$E_o=2.5\text{V}$		
CTL-12-5R		2A～5A 用					$I_o=12\text{A}$　　$E_o=2.5\text{V}$		
CTL-12-2.5R		1A～2.5A 用					$I_o=5\text{A}$　　$E_o=2.5\text{V}$		
CTL-12-MR		1A～50A 切換用					$I_o=50\text{A}, 25\text{A}, 12\text{A}, 6\text{A}, 5\text{A}, 2.5\text{A}$ SW 切換 $E_o≒5.2\text{V(AC)}$		
CTL-24-MR			56ϕ13	24					
CTL-12-IR		1A 以上，1 本用	40×40×15	12			$I_o＞1\text{A}$　　$E_o=2.5\text{V}$		

附錄九　參考書目

1. 蘇鴻烈譯著，*工程師實驗方法*，徐氏基金會，1978。

2. 陳瑞和編著，*感測器*，全華圖書公司，1992。

3. 周澤川、徐展麒著，*工業儀器*，三民書局，1980。

4. 陳克紹、曹永偉編譯，*感測器原理與應用技術*，全華圖書公司，1991。

5. 蔣榮先、沈秀裡編著，*感測與轉換系統*，今古文化事業公司，1990。

6. 江明崇編譯，*感測與轉換器*，全華圖書公司，1991。

7. 賴茂富、蔡鴻彰編著，*感測器原理與實驗(上)、(下)*，中儀科技圖書出版社，1989。

8. 謝文福編譯，*檢測器原理與使用*，全華圖書公司，1985。

9. 余文俊、陳德松著，*工業感測器原理介紹與應用實習*，長高圖書公司，1992。

10. 許溢适編譯，*感測器的使用法與電路設計*，全華圖書公司，1991。

11. 蔡國瑞編譯，*近代工業電子學裝置與系統*，標高圖書儀器公司，1980。

12. 陳福春編著，*感測器*，全華圖書公司，1991。

13. 鍾玉堆主編，*電機學*，新科技書局，1997。

14. 李茂順、干迪新、吳鴻源編譯，*電子學*，全華圖書公司，1995。

15. 陳朝光、郭興家著，*液壓控制與實習*，三民書局，1991。

16. 吳健郎編著，*物理學*，新科技書局，1991。

17. 王宜楷著，*控制實驗手冊*，師友工業圖書公司，1989。

18. 黃靖雄編著，*汽車原理*，正工出版社，1990。

19. 林永憲編著，*全華汽車專業字典*，全華圖書公司，1989。

20. 辛惠恬編著，*航空工程學*，興業圖書公司，1990。

21. 陳喜棠譯，*百器構造圖解*，徐氏基金會，1982。

22. 郭雲龍編譯，*工程量測*，全華圖書公司，1990。

23. E. E. Ambrosius, R. D. Fellow and A. D. Brickman, *Mechanical Measurement and Instrumentation*，歐亞書局，台北，1996。

24. F. J. Blatt, *Principles of Physics*, Allyn and Bacon, 1980.

25. D. H. Sheingold, *Transducer Interfacing Handbook - A guide to Analog Signal Conditioning*，雲陽出版社，台北，1982。

26. K. Ogata, *Modern Control Engineering*, Prentice-Hall, Englewood Cliffs, New Jersey, 1970.

27. C. E. Mortimer, *Chemistry - A Conceptual Approach*, D. Van Nostrand, New York, 1975.

28. Eisberg and Lerner, *"Physics-Foundations and Applications"*, 1991.

29. Lipta'k and Venczel, *"Instrument Engineer's Handbook"*, 1991.

30. 楊善國，*IDF-A1 機試飛儀電系統細部設計報告*，CSIST-ARL-RT8-94-001，台中，1991。

31. J. G. Webster, *Sensors and Signal Conditioning*, John-Wiley & Sons, New York, 1991.

32. J. G. Carstebs, *Electrical Sensors and Transducers*, Prentice-Hall, Englewood Cliffs, New Jersey, 1993.

【Note：本書中插圖名稱後之中括弧[ ]內之數字，即為該圖所取材自參考書籍於本附錄中之編號。】

附錄十　可程式板與編碼法則

1. 可程式板(Program Panel)

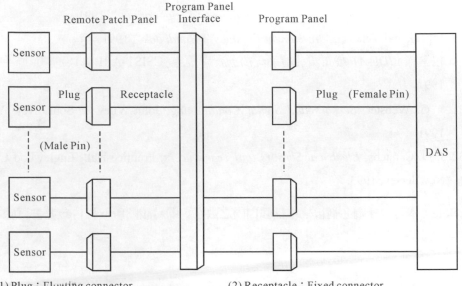

(1) Plug：Floating connector　　　(2) Receptacle：Fixed connector

2. 編碼法則(Code Numbering Rule)

Instrumentation code numbers provide a convenient method of identifying and tracing individual test parameters during a test program. Some system is required since many parameters are located at the same point, in the same component or subsystem and are similar in nomenclature. Many measurements to be recorded on a system will be identical to those being recorded on another system. The use of the same code numbers for these measurements will simplify data correlation.

The basic code number will consist of a maximum of six alphanumerical characters developed in the following manner:

(1) The first character is alphabetical, designating the signal type, such as temperature, acceleration, etc.

A：Acceleration   B：Digital word

D：Displacement or position   E：Event

F：Fluid flow, rpm, or frequency   G：Gyroscopic

H：Special instrumentation channels   M：Miscellaneous signal

N：Acoustical noise   P：Pressure

Q：Quantity   S：Strain

T：Temperature   V：Vibration

(2) The second character is normally alphabetical, which identifies the subsystem or area from which the measurement is derived or where installed. Following is an example.

A：Armament/external stores   C：Crew station/cockpit

D：Electrical/electric wiring   E：Electrical/electronic equipment

F：Fuselage   G：Ground support equipment

H：Hydraulics   K：Escape system

L：Landing gear   M：Oxygen system

N：Environment control system   P：Propulsion

S：Control system   T：Empennage

W：Wing   X：Aircraft Mux, X bus

Y：Aircraft Mux, Y bus

(3) The third through fifth characters are numeric and assigned in sequence from 001 through 999.

(4) The sixth character is a clarifying suffix, alphabetic, used principally to designate closed related signal or measurements, eg. sequential words of two-byte words: A (high byte), B (low byte).

(5) Example: DT004A stands for the high byte data for the fourth measurement in DT sequence, which represents the tail position.

國家圖書館出版品預行編目資料

感測與量度工程 / 楊善國編著. – 八版.
-- 新北市 : 全華圖書, 2019.08
面 ; 公分
ISBN 978-986-503-217-3(精裝)

1.計測工學 2.感測器

440.121 108013387

感測與量度工程

作者 / 楊善國

發行人 / 陳本源

執行編輯 / 賴宣光

出版者 / 全華圖書股份有限公司

郵政帳號 / 0100836-1 號

印刷者 / 宏懋打字印刷股份有限公司

圖書編號 / 0253477

八版一刷 / 2019 年 8 月

定價 / 新台幣 350 元

ISBN / 978-986-503-217-3 (精裝)

全華圖書 / www.chwa.com.tw

全華網路書店 Open Tech / www.opentech.com.tw

若您對書籍內容、排版印刷有任何問題，歡迎來信指導 book@chwa.com.tw

臺北總公司(北區營業處)
地址：23671 新北市土城區忠義路 21 號
電話：(02) 2262-5666
傳真：(02) 6637-3695、6637-3696

中區營業處
地址：40256 臺中市南區樹義一巷 26 號
電話：(04) 2261-8485
傳真：(04) 3600-9806

南區營業處
地址：80769 高雄市三民區應安街 12 號
電話：(07) 381-1377
傳真：(07) 862-5562

歡迎加入　全華會員

- **會員獨享**
  - 會員享購書折扣、紅利積點、生日禮金、不定期優惠活動⋯等。

- **如何加入會員**
  - 填妥讀者回函卡直接傳真 (02) 2262-0900 或寄回，將由專人協助登入會員資料，待收到 E-MAIL 通知後即可成為會員。

如何購書

1. 網路購書
全華網路書店「http://www.opentech.com.tw」，加入會員購書更便利，並享有紅利積點回饋等各式優惠。

2. 全華門市、全省書局
歡迎至全華門市 (新北市土城區忠義路21號) 或全省各大書局、連鎖書店選購。

3. 來電訂購
(1) 訂購專線：(02) 2262-5666 轉 321-324
(2) 傳真專線：(02) 6637-3696
(3) 郵局劃撥（帳號：0100836-1　戶名：全華圖書股份有限公司）

※ 購書未滿一千元者，酌收運費 70 元。

全華網路書店 www.opentech.com.tw
E-mail: service@chwa.com.tw

全華網路書店 www.opentech.com.tw

※ 本會員制如有變更則以最新修訂制度為準，造成不便請見諒。

讀者回函卡

填寫日期： ／ ／

姓名：

生日：西元　　年　　月　　日　性別：□男 □女

電話：（ ）　　　　傳真：（ ）　　　　手機：

e-mail：（必填）

通訊處：□□□□□

學歷：□博士 □碩士 □大學 □專科 □高中·職

職業：□工程師 □教師 □學生 □軍·公 □其他

學校/公司：　　　　　　　　　　科系/部門：

註：數字零，請用 Φ 表示，數字 1 與英文 L 請另註明並書寫端正，謝謝。

需求書類：

□A. 電子 □B. 電機 □C. 計算機工程 □D. 資訊 □E. 機械 □F. 汽車 □I. 工管 □J. 土木

□K. 化工 □L. 設計 □M. 商管 □N. 日文 □O. 美容 □P. 休閒 □Q. 餐飲 □B. 其他

本次購買圖書為：　　　　　　　　　　　　　　　　書號：

您對本書的評價：

封面設計：□非常滿意 □滿意 □尚可 □需改善，請說明

內容表達：□非常滿意 □滿意 □尚可 □需改善，請說明

版面編排：□非常滿意 □滿意 □尚可 □需改善，請說明

印刷品質：□非常滿意 □滿意 □尚可 □需改善，請說明

書籍定價：□非常滿意 □滿意 □尚可 □需改善，請說明

整體評價：請說明

您在何處購買本書？

□書局 □網路書店 □書展 □團購 □其他

您購買本書的原因？（可複選）

□個人需要 □公司採購 □親友推薦 □老師指定之課本 □其他

您希望全華以何種方式提供出版訊息及特惠活動？

□電子報 □DM □廣告 （媒體名稱　　　　　　）

您是否上過全華網路書店？（www.opentech.com.tw）

□是 □否　您的建議

您希望全華出版那方面書籍？

您希望全華加強那些服務？

～感謝您提供寶貴意見，全華將秉持服務的熱忱，出版更多好書，以饗讀者。

全華網路書店 http://www.opentech.com.tw　　客服信箱 service@chwa.com.tw

2011.03 修訂

親愛的讀者：

感謝您對全華圖書的支持與愛護，雖然我們很慎重的處理每一本書，但恐仍有疏漏之處，若您發現本書有任何錯誤，請填寫於勘誤表內寄回，我們將於再版時修正，您的批評與指教是我們進步的原動力，謝謝！

全華圖書　敬上

勘 誤 表

書 號			書 名		作 者
頁 數	行 數		錯誤或不當之詞句		建議修改之詞句

我有話要說：（其它之批評與建議，如封面、編排、內容、印刷品質等…）